生命是个艰辛的历程，人不能永远以一成不变的思考模式、老套的解决方式来处〔理〕想法有多远，人才能走多远。

so i say a little

换个想法
找个活法

高邑 / 编著

中国华侨出版社

图书在版编目（CIP）数据

换个想法找个活法/高邑编著.—北京：中国华侨出版社，2011.7
ISBN 978-7-5113-1056-9

Ⅰ.①换… Ⅱ.①高… Ⅲ.①人生哲学-通俗读物
Ⅳ.①B821-49

中国版本图书馆 CIP 数据核字（2011）第 121549 号

● 换个想法找个活法

编　　著/高　邑
责任编辑/尹　影
经　　销/新华书店
开　　本/710×1000 毫米　1/16　印张 15　字数 200 千字
印　　数/5001-10000
印　　刷/北京一鑫印务有限责任公司
版　　次/2013 年 5 月第 2 版　2018 年 3 月第 2 次印刷
书　　号/ISBN 978-7-5113-1056-9
定　　价/29.80 元

中国华侨出版社　北京市朝阳区静安里 26 号通成达大厦 3 层　邮编 100028
法律顾问：陈鹰律师事务所
编辑部：（010）64443056　　64443979
发行部：（010）64443051　　传真：64439708
网　　址：www.oveaschin.com
e-mail：oveaschin@sina.com

前言

在这个高速发展、日新月异的世界里,我们的物质生活变得越来越丰富,越来越自由。在物欲的驱使下,人与人之间的竞争也越来越激烈。我们每一个人,几乎从一出生就参与到了这场没有尽头的比赛中。我们用欲望激励自己去奋斗,用物质安慰空虚的心灵。得不到的,朝思暮想;得到了的,又惶惶不可终日,生怕会再失去。殊不知,用贪欲的满足来安慰心灵的空虚,就像往火里添油,只会让欲火更旺,而心灵更受煎熬;而过分害怕失去,只会让自己紧绷的神经没有空余去思考未来的问题,犯下很多不必要的错误。

中国的教育理念,讲究整齐划一,注重向孩子灌输"接受"、"坚持"的观念。我们的成长过程,就是一个大脑不断被塞进各种想法的过程。很多人从来没有想过"自己的想法",他们按照各种主流的观点过着自己的生活,也按主流的观点评点自己的人生。这样的人生也许并不快乐,不过他们都会认为是自己还不够努力,或者运气太差,从来不会怀疑是不是这些观点本身就有问题。

你是否想过,你追求的可能并不是你想要的,你一直以来奋斗的方法,可能不是最适合你的。许多看来理所当然的想法,静下心来仔细想想,可能只会发现自己的盲从和无知;许多人人皆愿拥有的东西,并不是那些东西真的人人都喜欢，可能只是人们的盲从和想象，才让那些东西流行起来。

有位哲人说过："生活就像鞋子，舒不舒服只有自己知道。"没有自己的想法的人，就像在用别人的脚来挑选自己的鞋子一样，他们是不可能找到幸福的生活的。只有敢于按自己内心真实想法生活的人，才可能体验真正的自由和幸福。

中国传统的文人，莫不以做官为人生追求，陶渊明却吟诵着："少无适俗韵，性本爱丘山。"毅然弃官归农，过起了"采菊东篱下，悠然见南山"的田园生活。今天我们读到他的诗，依然可以感觉到他的闲适自在。

20世纪前期的美国，人人都以发财为人生追求，然而当时美国，也是世界上第一个亿万富翁洛克菲勒，却在晚年把自己的大部分财产捐献给了慈善事业，开美国富豪赞助慈善事业的先河。他的慈善事业至今仍然造福人类。

洛克菲勒曾经说过："要让金钱做你的奴隶，而不是让你成为金钱的奴隶。"今天，我们可以套用这句话来说："要让你来主导生活，而不是让生活奴役你。"如果现在的生活怎么也不能让你满意，何不换换想法，想一想什么是自己真正想要的，另给自己找到合适的活法呢？

目录

第一章 抑制苛求，为此刻的自己鼓掌

不开心，是不是标准定得太高 ································· 2
与其苛责自己，不如灵活变通 ································· 4
不必成为全才，发挥优势即可 ································· 7
不必苛求完美，完美只是个幻影 ······························· 9
如果无法改变，那就坦然面对 ································· 12
张弛有度，适当轻松一下 ····································· 15
知足常乐，不做欲望的奴隶 ··································· 17
风力掀天浪打头，只需一笑不需愁 ····························· 20

第二章 扫除烦恼，幸福生活需要静心

平平淡淡才是真 ··· 24
豁达大度才幸福 ··· 26
忘记不快乐的事情 ··· 30
有宽大的胸怀，才有幸福的生活 ······························· 32

凡事随缘，懂得适可而止 …………………………… 35
学会忘记，拿得起放得下 …………………………… 38
接受改变，眼光要向前看 …………………………… 41
静水流深，宁静也是一种升华 ……………………… 44

第三章 卸去伪装，实现感情中的真正融合

诚信是人际交往第一课 ……………………………… 48
交友务求志同道合 …………………………………… 50
保持自尊，交往才能见真心 ………………………… 53
真诚宽容，这个世界会更美 ………………………… 56
放下身份，路会越走越宽 …………………………… 59
虚言无用，凭实际行动打动人 ……………………… 61
珍惜别人的信任 ……………………………………… 64
坦诚认错，挽回形象 ………………………………… 66

第四章 剖析自我，赶走内心深处的杂念

杂念扰人心，心有杂念则不得安宁 ………………… 70
世间万事任自然，自然万事无烦恼 ………………… 72
天下无不可容之事 …………………………………… 74
泰然面对尘世中的苦与乐 …………………………… 76
得失荣辱，一笑置之 ………………………………… 79
放下包袱，心灵才能轻松 …………………………… 82
摆脱心灵伤痕的困扰 ………………………………… 85

第五章　确立目标，目标越具体越好

居安思危，人生不可无远虑 ………………………… 88
人生需要明确的目标 ………………………………… 90
有信念才能有成功的方向 …………………………… 93
勤奋努力，干对方向才有意义 ……………………… 97
善谋者才能成事 ……………………………………… 99
了解自己，才能确立人生目标 ……………………… 102
目标要具体才有意义 ………………………………… 105
不妨把目标分解 ……………………………………… 108

第六章　正视挫折，你一定可以打败困难

不怕失败，用热情去挑战竞争 ……………………… 112
人生的光荣在于屡败屡战 …………………………… 114
不要被厄运打倒 ……………………………………… 116
能挺住就是胜利 ……………………………………… 120
逆境可能是成长的阶梯 ……………………………… 123
破甑尽可以弃之不顾 ………………………………… 125
心不死就有希望 ……………………………………… 127
面对挫折，逃避就是认输 …………………………… 130
走投无路时，坚持助你柳暗花明 …………………… 132
永不畏惧，永不放弃 ………………………………… 135
抓住最后一线希望 …………………………………… 137

第七章 勇于创新，突破固定的思维模式

唯有创新才能适应多变的世界 …………………… 142
学会运用逆向思维 …………………………………… 144
出奇制胜，创新才能成功 …………………………… 147
主动改变不合时宜的观念 …………………………… 149
摆脱思维定势的影响 ………………………………… 152
联想是重要的创新方式 ……………………………… 155
没有成功的希望，不如另辟蹊径 …………………… 157
放弃错误也是一种勇气 ……………………………… 160

第八章 相信自己，你一定能强大起来

相信每个人都有自己的亮点 ………………………… 164
有坚定的信念，才能有奇迹的出现 ………………… 166
每个人都能成为冠军 ………………………………… 169
别忘记给自己加油鼓劲 ……………………………… 172
勇于追求，抓住命运的掌控权 ……………………… 175
只要行动，"不可能"也会可能 …………………… 178

第九章 善于倾听，摆脱焦躁不安的情绪

告诉自己不是宇宙的中心 …………………………… 182
不要害怕说出"不知道" …………………………… 185
学会倾听别人的教诲 ………………………………… 188

请先清空心里的砂石 ·················· 191
理智地对待别人的建议 ················ 193
学会过滤掉谄媚之言 ·················· 196
闻过则喜，听取他人对自己的批评 ·········· 199
逆耳忠言要听取 ····················· 202

第十章 享受生活，为人生找个快乐的活法

有健康的身体，才有快乐的生活 ············ 206
让亲情的阳光温暖人生 ················ 209
用忘记清理生活中的不快 ··············· 212
分享是一种更大的幸福 ················ 214
凡事多从好处想 ····················· 217
向别人借一份快乐 ··················· 220
用宽恕消除怨恨的阴影 ················ 222
糊涂也是一种学问 ··················· 225
小人物未必不快乐 ··················· 227

第一章

抑制苛求,为此刻的自己鼓掌

不开心,是不是标准定得太高
与其苛责自己,不如灵活变通
不必成为全才,发挥优势即可
不必苛求完美,完美只是个幻影
如果无法改变,那就坦然面对
张弛有度,适当轻松一下
为自己而活,拒绝别人对你的苛求
知足常乐,不做欲望的奴隶
风力掀天浪打头,只需一笑不需愁

不开心，是不是标准定得太高

现代社会是个人与人竞争激烈的社会，现代社会也是个压力巨大的社会。人们为了在竞争中不被淘汰，不断提高对自身的要求，相信"有压力才有动力"。事实上，压力既是推动人前进的"推进器"，也会变成破坏人生的"定时炸弹"。我们不但要学会给自己加压，防止松懈，也要学会给自己减压，让生活中多一点轻松自在。

2000年悉尼奥运会气手枪射击决赛第八发射击的时候，赛场气氛似乎到了窒息的程度。中国队选手陶璐娜的手在颤抖，枪口在晃动。果然，陶璐娜只打了9.4环。

据教练孙盛伟介绍，在一般的世界大赛决赛上，射击运动员的脉搏约为每分钟130次，而这场比赛中，运动员的脉搏则达到了160次左右！

陶璐娜的气手枪重量为1100多克，扣扳机的力量在500克以上。靶心的那个黑点直径为10毫米，0.1环的差距仅仅是0.5毫米。胜负成败就在细微差别之中。所以，射击比赛对运动员的心理要求非常高，任何细小的情绪波动都将反应到手腕上、枪口上，并在黑色的靶心上留下不能磨去的印记。所以，运动员最好不要苛求自己。以平常心应战，这才是比赛胜利的不二法门。

过高地要求自己，是吞噬生命的无底洞，它需要拼尽全部的心力才能满足，这样，奋斗的过程只剩下压抑感和紧张感，乐趣全失。时间一久，内心便会产生无法排解的疲劳感，整个人就像被蠹空的大树，虽然外面看起来粗壮，稍遇大风雨就会拦腰折断。

第一章 抑制苛求，为此刻的自己鼓掌

人，其实是一种很简单的生物，事情做成了就高兴，失败了就生气。既然如此，何必把要求定那么高呢？辛弃疾在《沁园春·戒酒》词中有两句话："物无美恶，过则为灾。"对自己的要求也是这样。严格要求自己，永不满足，不断上进，本是人生的进步动力，然而，给自己设下过高的目标，太过严厉地要求自己，能否达成目标不说，最起码会失去很多人生的乐趣。

股神巴菲特提到自己的行动指南说："我们专挑那种1尺的低栏，而避免碰到7尺的跳高。"在成为人上人的拼杀中，有几人能最终胜出？又有多少人夭折在了半路上？量力而行，不强求，不强取，过平常人的安稳日子，或许也是一种不错的选择。

有一位同学，他在高中时立下志愿，一定要考上名牌大学。他功课的底子并不好，为了能实现自己的愿望，他每天在别人还没起床的时候就去读外语；晚上别人都睡了，他还在做习题。课外活动一概不参与，同学一块玩更没他的影子。过重的学习负担不但给他造成了巨大的身心压力，还让他的性格变得沉闷、封闭。他就在紧张、疲惫中度过了高中生活。日后同学聚会，别人都聚在一块兴致勃勃地回忆当年的快乐时光，只有他一个人默默无语，因为他的高中生活除了紧张的学习，实在没剩下什么。

北宋开国皇帝赵匡胤称帝后，他母亲杜太后不但不高兴，反而显出忧虑的神色。旁人不解，问她为什么，杜太后说了一番话：我儿能做上皇帝，我当然很高兴。可是皇帝这个位子，天下人人想坐，弄不好就要被人抢去，如今天下又不太平，我儿能荡平天下当然好，如果不能，恐怕到时候连个普通老百姓都做不了。想到这些，你说我能不忧虑吗？

俗话说："吃多少饭端多大碗。"过分地对自己高要求，希望以此鞭策自己不断前进，只会适得其反。马儿是要鞭打跑得才快，但是再健壮的骏马也要休息，倘若骑手不顾马命，一味鞭策，坐骑就有累死的危

·3·

险。马儿如此，人又何尝不是呢？所以，把标杆降低点，对自己要求低一些，也许你会活得更轻松。

降低对自己的要求不是放纵堕落，而是基于对自己的能力，对自己奋斗能得到成果，对放松能得到生活乐趣三者权衡利弊作出来的决定。漠视个人能力的局限，只会劳而无功；不比较奋斗成果和放松乐趣，你永远都不知道自己的奋斗值不值得。

降低对自己的要求就是要相信自己不是芝麻，不会越榨越出油，相信没有人是无所不能的，相信再坚强的人也会有疲惫的时候。努力拼搏，就像在人生路上猛跑，降低要求就是放慢脚步，去看看路边的风景。终点撞线的荣光固然可羡，路边的风景也是同样的美丽，甚至比终点的光荣还有价值。说到底，人生毕竟是旅途，不是谁设定好的竞赛。

与其苛责自己，不如灵活变通

做事需要严格要求自己，但同样需要有适当的放松。其实，奋斗不辍，持之以恒，只是一个人成才的条件之一，而其他条件，譬如机遇、天赋、爱好、悟性、体质诸项也是缺一不可的。如果你研究某一学问、学习某一技术，或从事某一事业确实条件太差，而经过相当的努力仍不见效，那就不妨学会"放弃"，以求另辟蹊径。

动物园里新来了一只袋鼠，管理员将它关在一片有着1米高的围栏的草地上。

可是第二天一早，管理员发现袋鼠在围栏外的树丛里蹦蹦跳跳，他立刻将围栏的高度加到两米，又把袋鼠关了进去。

到了第三天早上，管理员还是看到袋鼠在栏外，于是他又将围栏的高度加到 3 米，把袋鼠关了进去。

隔壁兽栏里的长颈鹿问袋鼠："依你看，这围栏到底要加到多高才能把你关住？"

袋鼠想了一想回答道："很难说，也许现在就行，也许 4 米，也可能是 5 米。但是，如果那个管理员老是忘了把围栏的门锁上的话，那他永远关不住我。"

人生苦短，韶华难留。选准目标，就要锲而不舍，以求"金石可镂"。但若目标不适，或主客观条件不允许，与其蹉跎岁月，就不如学会放弃，"见异思迁"。如此，才有可能柳暗花明，再展宏图。班超投笔从戎，鲁迅弃医从文，都是"改换门庭"后而大放异彩的楷模。可见，如果能审时度势，扬长避短，把握时机，放弃，既是一种理性的表现，也不失为一种豁达之举。

据统计，北京与上海这两座城市学习钢琴的儿童各有 10 万，粗略估计，全国学钢琴的儿童大概不会少于 100 万。要是光弹着玩玩倒也罢了，可是许多家庭都是认认真真把孩子当做钢琴家来培养的。很多夫妇自认为"这一辈子就这样了"，但无论如何也要让孩子成就一番事业。于是父母省吃俭用，给孩子置办了一架进口钢琴，立志要培养出一个中国的"肖邦"、"李斯特"。

再如高考，一年一度高考风起云涌，一番拼搏，分出高下，几家欢喜几家愁。受教育资源限制，不论你如何"锲而不舍"，使尽浑身解数，录取率就决定了必然有近一半的考生要自愿或不自愿地"放弃"上大学的愿望。如果差距不大，偶尔失手，自然不妨厉兵秣马，来年再战；倘若成绩实在差距太大，再考几次也难有多大提高，那就应当机立断，学会"放弃"。有道是"成才自有千条道，何必都挤独木桥"。世界首富比尔·盖茨就没上完大学，大发明家爱迪生不过才小学毕业，照样不耽误他们成名成家，你又何必一条道走到黑呢，或许，你只退这么一步，便会海阔天空。

有一头小象非常顽皮，不管主人把它拴在哪里，它都会想尽办法挣脱，主人实在拿它没办法，最后只好将一根坚硬的木桩钉入地下，将它拴在木桩上，不论它如何用力都挣不开。从此，它就乖乖地被绑在那里，每天只能在绳子的长度范围内转圈圈。

小象渐渐地长大，成为一头力大无穷的巨象，可以拖拉很多的重物。大象仍然想到处走，但是只要把它绑在木桩上，它就静静地立在那里。主人甚至只是象征性地随便将木桩插在地上，大象只要稍稍用一点劲，木桩就会被拔起，但是这头象却顺从地站在那里，丝毫不敢越雷池半步。

我们很多时候都和这头大象一样，特别是在遭受挫折的时候，往往将罪责一股脑儿地归结到自己是不是足够努力上，却并没有看看自己有没有给自己的思路设置一根木桩。

命运就是你自己的思维方式与习惯，你的创造能力和你的分析能力及决断力，还有你的意志、胆识和处世方式等。力大无比的大象可以拔起一棵树，而它却屈服于一根小小的木桩，这不是因为它没有能力改变，而是从骨子里就不存在想改变的意识。因为它小的时候曾经试过多次，它认为自己绝对不可能做到拉动木桩，所以，它认定了一根牢牢钉在地上的无法拉动的木桩就是它一生的命运，它再也没有想过要去抗争。在长大以后的多少年来，它试都没有试过一次！

每一个人现在所处的境况，正是由自己以往所抱的态度造成的。所以，要想改变未来的生活，使之更加顺利，必得先改变此时的态度。坚持错误的观念，固执而不愿改变，恐怕再多的努力也可能成为枉然。所以，改变比选择更重要。

过往的岁月里，你也一定不知倦怠地追求过财富、爱情、地位、名誉、金钱……如果这些东西你一直都没有追求到，为何不变一个方向？只为拥有另一片属于你的天空。

第一章　抑制苛求，为此刻的自己鼓掌

不必成为全才，发挥优势即可

"尺有所短，寸有所长"，人生的诀窍就在于发现自己的长处，找到发挥自己优势的最佳位置。每个人都有自己的优势和劣势，如果你能经营自己的优势，就会给你的生命增值，成功对你来说就会事半功倍；反之，如果你经营自己的劣势，那只会浪费你的时间和精力，劳而无功，事倍功半。善战者以长击短，不以短击长。每个人都有自己的优势和劣势，各尽其能才能把坏事变好，好事更好。发挥自己的长处是最重要的。

有一个小男孩特别喜欢柔道，在别人的推荐下，他投到一位著名的柔道大师门下学艺。然而，小男孩还没有来得及开始学习，就在一次车祸中不幸失去了右臂。就在他以为一定学不成柔道的时候，他的师傅找到了他，对他说："如果你还想学柔道的话，我可以教你。"于是，小男孩开始刻苦地训练。然而，他师傅却只教给了他一个招式，然后让他反复练习。过了半年，师傅依然没有教给他新的东西。小男孩等不下去了，就去问师傅："我是不是还要学点别的招数？"师傅说："你把这一招真正学会了，就足够用了。"

又过了半年，师傅带着小男孩参加了一场柔道比赛，小男孩打败了所有对手，夺得了冠军。连他自己也感到不可思议。后来，他向师傅请教这个问题：为什么他只有一只手、只会一个招式，却打败了所有对手呢？师傅告诉他："你学的这一招，是柔道里最厉害的杀手锏，而对付这个招式的唯一办法，就是抓住对手的右臂。"

世间万物都是有自身优点的，"垃圾就是放错了地方的资源"。每个人都有别人无法取代的优点，对个人来说，自身的发展就是要找到能发挥自己长处的位置，扬长避短，使自己的价值最大化。魏征谏唐太宗说用人当"爱而知其短，恨而用其长"，用人如是，发挥自己的才能也应该是这样。

一个人有明确的目标固然不错，但是目标如果和自身优势相差太远，那么实现目标也是比较困难的。一个不善言辞的人，如果硬要去做演讲家，可想而知，他必然要付出比别人更多的辛苦；一个思维天马行空的人，选择了做质检员，一定不如去做策划好。不要苛求自己样样都好，只要有专长即可。

"木桶理论"的盛行，让不少人受到了影响，总是想着自己的短板在哪里，如何才能提高自己的弱项。然而，也有许多明智的人意识到在这个工作高度细分化的社会里，各种事情都会有专门人才来做，发挥自身优势，而不是补救自身弱点，才是更有价值的事情。事实证明，一个人只有巧妙地避开自己的"弱项"，最大限度地发挥自己的"优势"，才有可能成为各个领域的"冒尖户"。看来，所谓的"全面发展"在不断地"补短"中不知已将多少"精英"扼杀在萌芽状态，而刻意"取长补短"，则往往使人放弃了自己的优势智能，拼命发展自己的弱势智能，其结果常常是事与愿违，事倍功半。马库斯·白金汉在《现在，发现你的优势》一书中说："生活的真正悲剧并不在于我们每个人都没有足够的优势，而在于我们未能使用我们的优势。"这话一针见血地指出了"取长补短"悲剧的原因所在。

汉高祖刘邦在总结自己打天下的经验时说："夫运筹策于帷幄之中，决胜于千里之外，吾不及子房；镇国家、抚百姓、给饷馈、不绝粮道，吾不及萧何；连百万之军，战必胜，攻必取，吾不及韩信。三人者，皆人杰也。吾能用之，此吾所以有天下也。"虽然刘邦的计谋、政略、兵法都不如人，但是他有他的特长，就是能识人用人，能够把这些高人凝聚在自己周围，才成就了一番事业。

从统计学角度来说，一无是处和十全十美的人都是不存在的，每个人都或多或少地有自己的强项或弱项。你能做的，就是尽量发挥自己的优势，而不是去弥补自己的劣势。弥补劣势虽然有时有必要，但它不能让人成为出类拔萃的人才。过分地纠结于自己的弱势，不过是花费很多精力去让自己变得很平庸。因为人的禀赋不少是先天或是成长过程中决定了的，依靠教育、学习强行改变这种禀赋，也不过是事倍功半，到头来成为"样样通，样样松"的庸才罢了。

每个人都是花园里盛开的鲜花，而不必做整个花园；每个人都是璀璨的星空中一颗闪亮的星，而不是整个星空。扬长避短，才能发出诱人的馨香，才能绽放璀璨的光芒。

不必苛求完美，完美只是个幻影

许多人在年轻时，都倾向于为自己、为未来、为世界设定一个心目中的完美形象，而不肯承认现实是什么。不论自己有多能干，事业有多么成功，他们总是觉得和自己的理想中有差距，现实中的一切都是有缺陷的，因而他们总是处在不满足的状态。为了认定自己是否符合心目中的完美形象，他们总是在不断提高自我要求，却从来没有想过自己只是在追赶幻影。

古代西方有则流传很广的故事：德尔斐传"神谕"的女祭司告诉苏格拉底的朋友说，苏格拉底才是人间最聪明的人。苏格拉底感到自己并不聪明，于是去证实这个"神谕"。他到处去找有知识的人谈话，其中有政治家、诗人、工匠等。结果证明这些人并没有知识，因而发现

"那个神谕是不能驳倒的"，于是，他反省自问，自己的聪明究竟表现在哪里？他觉得自己其实很无知，因而推论到"自知自己无知"正是聪明之所在。

无独有偶。古代东方的老子也言："知不知上，不知知病。"自知自己不知才是最上等、最聪明的人。看来，自知自己无知才是真聪明，相反，自认为自己博学多知甚至能智胜天下者，倒可能是真糊涂。

绝对的完美主义者，他的内心不可能平和，他的生活中也不会遇到真正的幸福，而且，今后可能也不会遇上。人们对事物一味理想化的要求导致了内心的苛刻与紧张，内心的紧张又使他们更加苛刻地要求自己。所以，完美主义与内心放松满足相互矛盾，两者不可能融入同一个人的人格。事物总是循着自身的规律发展，即便不够理想，它也不会单纯因为人的主观意志而改变。如果有谁试图使既定事物按照自己的要求发展变化而不顾客观条件，那么他一开始就已经注定失败了。

有缺陷并不是一件坏事，那些自认为自身条件已经足够好以至于无可挑剔、不必改变现状的人往往缺乏进取心，缺少超越自我，追求成功的意志，相反，承认自己的缺陷，正确认识自己的长处与短处，却可以使我们处在一种清醒的状态，遇事也容易做出最理智的判断。

《金鱼和渔夫》这则神话，人人都知道。神话中，渔夫那贪婪的妻子总是苛求金鱼给她更多，终于落到了和以前一样贫穷的命运。现实中，我们许多人都过得不是很开心、很惬意，因为他们总存有这样或那样的不满，他们没有看到自己幸福的一面。

正确地看待自己的不足，有什么不好呢？有一个故事也许能让我们有所感触：

有一个人对自己坎坷的命运实在不堪重负，于是祈求上帝改变自己的命运。上帝对他承诺："如果你在世间找到一位对自己命运心满意足的人，你的厄运即可结束。"于是此人开始了寻找的历程。一天，他来

第一章　抑制苛求，为此刻的自己鼓掌

到皇宫，询问高贵的天子是否对自己的命运满意，天子叹息道："我虽贵为国君，却日日寝食不安，时刻担心自己的王位能否长久，忧虑国家能否长治久安，还不如一个快活的流浪汉！"这人又去询问在阳光下晒着太阳的流浪人是否对自己的命运满意，流浪人哈哈大笑："你在开玩笑吧？我一天到晚食不果腹，怎么可能对自己的命运满意呢？"就这样，他走遍了世界的每个地方，被访问之人说到自己的命运竟无一不摇头叹息，口出怨言。这人终有所悟，不再抱怨生活。说也奇怪，从此他的命运竟一帆风顺起来。

也许你会说："我并非不满，我只是指出还存在的问题而已。"其实，当你认定过错时，你的潜意识已经让你感到不满了，你的内心已不再平静了。一床凌乱的毯子、车身上一道划伤的痕迹、一次不理想的成绩、数公斤略显肥胖的脂肪……种种事情都能令人烦恼，不管是否与你有关，是否是你的责任。这种苛求甚至发展到不能容忍他人的某些生活习惯。如此，你的心思完全专注于外物了，你失去了自我存在的精神生活，你不知不觉地迷失了生活应该坚持的方向，苛刻掩住了你宽厚仁爱的本性。

没有人会满足于本可改善的不理想现状。所以，你应努力寻找一个更好的方法：你要用行动去补足缺陷，而不是"望洋"空悲叹，一味表示不满。同时你应认识到：自己总能采取另一种方式把每一件事都做得更好。但这并不是说你已经做了的事情就毫无可取之处，我们一样可以肯定自己已经完成的事物成功的一面。有句广告词不是说："没有最好，只有更好"吗？所以，不要苛求完美，它根本不存在。

当你认为情况应该比现在更好时，就请把握住自己，理智地提醒自己，现实中的自己其实很好。如果有过于要求完美的心理趋向，就赶快治疗！当你摒除自己苛刻的眼光时，一切事物都变得美好起来了。不要刻意追求完美，你会感觉到生活充满明媚的阳光。

如果无法改变，那就坦然面对

尽管我们的人生有诸多不如意，可我们的生活还是要继续。然而，不肯接受这诸多"不如意"的人也不少见。他们拼命想让情况转变过来，不管这是不是还有用。为此他们劳心劳力，如果事情没有转机，他们就会把问题归结到自己身上，觉得自己没有尽力，或是没有本事。然而，总有些事情是我们力所不及的。有句很通俗的谚语："活人哭死人，犹如傻狗撵飞禽。"对于那些无法改变的事情，与其苛求自己做无用功，不如坦然接受的好。

已故的美国小说家塔金顿常说："我可以忍受一切变故，除了失明，我决不能忍受失明。"可是在他60岁的某一天，当他看着地毯时，却发现地毯的颜色渐渐模糊，他看不出图案。他去看医生，得知了残酷的现实：他即将失明。现在，他有一只眼差不多全瞎了，另一只也接近失明。他最恐惧的事终于发生了。

塔金顿对这最大的灾难作如何反应呢？他是否觉得："完了，我的人生完了！"完全不是，令人惊讶的是，他还蛮愉快的，他甚至发挥了他的幽默感。这些浮游的斑点阻挡他的视力，当大斑点晃过他的视野时，他会说："嘿！又是这个大家伙，不知道它今早要到哪儿去！"完全失明后，塔金顿说："我现在已接受了这个事实，也可以面对任何状况。"

为了恢复视力，塔金顿在一年内得接受12次以上的手术，而且只是采取局部麻醉。他了解这是必需的，无可逃避的，唯一能做的就是坦然地接受。他拒绝了住私人病房，而和大家一起住在大众病房，想办法让大家高兴一点。当他必须再次接受手术时,他提醒自己是何等幸运:"多奇妙啊,科学已进步到连人眼如此精细的器官都能动手术了。"

我们每个人都可能存在着这样的弱点:不能面对苦难。但是,只要坚强,每个人都可以接受它。像本以为自己决不能忍受失明的塔金顿一样,这个时候他却说:"我不愿用快乐的经验来替换这次的体会。"他因此学会了接受,并相信人生没有任何事会超过他的容忍力。如塔金顿所说的,此次经验教导他"失明并不悲惨,无力容忍失明才是真正悲惨的"。

成功学大师卡耐基说:"有一次我拒不接受我遇到的一种不可改变的情况。我像个蠢蛋,不断做无谓的反抗,结果带来无眠的夜晚,我把自己整得很惨。终于,经过一年的自我折磨,我不得不接受我无法改变的事实。"

面对不可避免的事实,我们就应该学着做到如诗人惠特曼所说的那样:"让我们学着像树木一样顺其自然,面对黑夜、风暴、饥饿、意外与挫折。"

已故的爱德华·埃文斯先生,从小生活在一个贫苦的家庭,起初只能靠卖报来维持生计,后来在一家杂货店当营业员,家里好几口人都靠着他的微薄工资来度日。后来他又谋得一个助理图书管理员的职位,依然是很少的薪水,但他必须干下去,毕竟做生意实在是太冒险了。在8年之后,他借了50美元开始了他自己的事业,结果事业的发展一帆风顺,年收入达两万美元以上。

然而,可怕的厄运在突然间降临了。他替朋友担保了一笔数额很大的贷款,而朋友却破产了。祸不单行,那家存着他全部积蓄的大银行也破产了。他不但血本无归,而且还欠了1万多美元的债,在如此沉重的双重打击下,埃文斯终于倒下了。他吃不下东西,睡不好觉,而且生起了莫名其妙的怪病,整天处于一种极度的担忧之中,大脑一片空白。

有一天，埃文斯在走路的时候，突然昏倒在路边，以后就再也不能走路了。家里人让他躺在床上，接着他全身开始腐烂，伤口一直往骨头里面渗了进去。他甚至连躺在床上也觉得难受。医生只是淡淡地告诉他：只有两个星期的生命。埃文斯索性把全部都放弃了，既然厄运已降临到自己头上，只有平静地接受它。他静静地写好遗嘱，躺在床上等死，人也彻底放松下来，闭目休息，却每天无法连续睡着两小时以上。

时间一天一天过去，由于心态平静了，他不再为已经降临的灾难而痛苦，他睡得像个小孩子那样踏实，也不再无谓地忧虑了，胃口也开始好了起来。几星期后，埃文斯已能拄着拐杖走路，6个星期后，他又能工作了。只不过是以前他一年赚两万美元，现在是一周赚30美元，但他已经感到万分高兴了。

他的工作是推销用船运送汽车时在轮子后面放的挡板，他早已忘却了忧虑，不再为过去的事而懊恼，也不再害怕将来，他把自己所有的时间、所有的精力、所有的热忱都用来推销挡板，日子又红火起来了，不过几年而已，他已是埃文斯工业公司的董事长了。

埃文斯是生活中的强者，原因在于他不仅能勇敢坚强地接受既定的现实带来的不幸和困境，并且能平静而理智地对待它、利用它。相反，那些始终试图改变既成事实的人，虽然看起来很辛苦、很努力，其实他们的内心倒可能是软弱的：他们无法说服自己接受不幸和困境，他们选择了欺骗自己。

厄运的到来是我们无法预知的，面对它带来的巨大压力，怨天尤人只会使我们的命运更加灰暗。所以我们必须选择一种对我们有好处的活法，换一种心态，换一种途径，才能不为厄运的深渊所淹没。

当初，发明汽车轮胎的人想要制造一种轮胎，能在路况很差的地方行驶，抗拒坎坷和颠簸，开始情况不甚理想，失败连连。但经过不懈的探索试验，他们终于生产出了这样的轮胎。它既能承受巨大的压力，又能抗拒一切的碎石块和其他障碍物。他们称赞它"能接受一切"。做人也应与好的轮胎一样，只有能接受一切，并且勇敢前进，才能通过人生的另一种途径走得更远。

当我们不再反抗那些不可避免的事实时，我们就能节省下精力，创造出一个新的、更丰富的生活前景。

张弛有度，适当轻松一下

我国儒家经典《礼记》中记载了孔子这样一段话："张而不弛，文武弗能也；弛而不张，文武弗为也；一张一弛，文武之道也。"文、武，指周初贤君周文王、周武王。这段话是说：一直把弓弦拉得很紧而不松弛一下，这是周文王、周武王也无法办到的；相反，一直松弛而不紧张，那是周文王、周武王也不愿做的；只有有时紧张，有时放松，有劳有逸，宽严相济，这才是贤君周文王、周武王治国的办法。其实，治国如是，对待生活也应该是劳逸结合、张弛有度。

在我国东北地区的深山老林里，流传着这样一种说法：老虎是兽中之王，不过要论力气，它不如黑瞎子（狗熊）大。狗熊的生命力特别顽强，而且皮糙肉厚，一般的攻击根本伤不了它。可是山里面虎熊相斗，总是老虎得胜，为什么呢？

狗熊和老虎都是身高力大的猛兽，它们一旦打起来，就是几天几夜。老虎打累了、打饿了，或是战况不利，就会撤出战场，先到别处捕猎吃。等到吃饱喝足，歇过劲儿来，回来再找狗熊打。狗熊就不一样了，一旦开打，就不吃、不喝、不休息，老虎跑了它就打扫战场，碗口粗的树连根拔出来扔到一边，等着老虎回来接着打。时间长了，狗熊终究有筋疲力尽的时候，所以最后总是老虎打败狗熊。

老虎和狗熊打架的故事告诉我们，做事情不能追求一竿子插到底，一口气把所有问题解决。人生是个漫长的旅程，是马拉松长跑而不是百米冲刺。唯有张弛有度，才能持之以恒，把热情和精力保持到最后。

每顿饭只吃一样东西，再好吃的东西也会让人反胃；每天只做同样的事情，再有趣也会让人厌烦。神经一直紧绷，就算是铁人也有崩溃的一天。"持之以恒"、"坚持到底"不是让你耗尽自己最后一分精力和热情，而是鼓励屡败屡战、锲而不舍。

西谚有云："只工作，不玩耍，聪明杰克也变傻。"那种把工作当成一切、一直工作不放松的人，我们称他们为"工作狂"。工作狂之所以把自己完全泡在工作里，不是因为他们热爱工作，更不能表明他们很有毅力。事实正好相反，工作狂往往都是意志软弱的人。他们因为无法应付生活中的多种挑战，采取了逃避的办法，把自己埋在工作当中。所以，工作狂可能在工作上表现突出，但他们的生活却很少有能称心如意的。

真正有理智、有毅力的人，决不会是能抓紧而不能放松的人。他们有自信，所以能暂时放下心头的负担，去享受生活的乐趣；他们有智慧，懂得磨刀不误砍柴工的道理；他们有毅力，放松但不放纵。他们在奋斗拼搏和放松享受之间出入自由，游刃有余。

适当放松一下，并不是要否认紧张工作，而是要让自己在奔波疲惫之余能有个喘息的机会，静下来享受生活。有人把人生目标树立得很高，希望功成名就，成为站立在金字塔尖上的人。可是，塔尖的容量是有限的，少数人的成功是建立在多数人的默默无闻之上的。于是，不免有人伤心，有人失落。其实这又何必呢？不能成为第一，就坦然充当第二；不能爬到金字塔尖上，不妨就在塔中央看看风景。用轻松的人生规则主宰自己的快乐又有何不可呢？

第一章　抑制苛求，为此刻的自己鼓掌

我们生活的目的在于发现快乐、创造快乐、享受快乐，完不成的极限、遥不可及的梦想，就像是自己的影子，看起来虽然伸手可及，追起来就等于折磨自己，最后抓狂在自己的苛求中。不肯放松自己，在坚强上进的表面下，往往还隐藏着偏执与自我压抑，导致身心不健康。过于苛求自己的人通常感到自己的压力更大、更焦虑、身心更易疲惫，他们应该有意识地给自己放放假。如果长期在这种情绪下得不到缓解，就很容易走上极端，不少人年纪轻轻就患上各种心身疾病，比如抑郁症。这就是过于苛求的结果。

俗话说："望山跑死马。"现实生活中，对自己不应过分苛求，适当放松才是王道，否则会使自己生活在孤寂和焦灼之中。其实，不论年轻也好，年老也好，心中都该有一个梦想，梦想是人生的前进动力，没有梦想的人，就和干瘪的咸鱼没什么两样。但对于梦想不应过于苛求，追梦的脚步大可跑一会儿走一会儿，千万不要有紧无松，那样就太苛求自己，跟自己过不去了。那样的活法是做了望山狂奔的笨马。梦若成真固然不错，梦没成真也没关系，不必过分苛求，顺其自然，心情才豁然！

知足常乐，不做欲望的奴隶

一个真正幸福的人，必定是一个知道自己底限的人。因为知道自己的底限，所以知道自己有哪些"做不到"。对那些"做不到"的事情，处之泰然，淡然面对，或委托给真正的能手；而对于自己能做到的事情，一定会全力以赴，做到万无一失。故而生活中幸福的人，事业上成功的人，常常是能淡然对待自己不足的人。

有弟子问孔子怎样耕田，孔子说："吾不如老农。"又有弟子问他怎样种菜，他说："吾不如老圃。"然而孔子并未因此去学耕田种菜，也没有因为自己不会耕田种菜而妄自菲薄。世人都可以从中学到有用的东西。所谓"尺有所短，寸有所长"。

一个人如果欲望太多，他就会变得非常不容易满足，一个永不知足的人是无法感受到幸福的。

人，饥而欲食，渴而欲饮，寒而欲衣，劳而欲息。幸福与人的基本生存需要是不可分离的。人的生存和发展的需要得到了满足，便会在内心产生一种幸福感。幸福感是一种心满意足的状态，植根于人的需求对象的土壤里。

然而，很多人总是希望自己拥有的能再多一些，他们从来没有满足的时候。有一首《十不足诗》：

终日奔忙为了饥，才得饱食又思衣，冬穿绫罗夏穿纱，堂前缺少美貌妻，娶下三妻并四妾，又怕无官受人欺，四品三品嫌官小，又想面南做皇帝，一朝登了金銮殿，却慕神仙下象棋，洞宾与他把棋下，又问哪有上天梯，若非此人大限到，上到九天还嫌低。

这首诗把那些贪心不足者的恶相描写得淋漓尽致。物欲太盛造成的灵魂变态就是欲望升级，永无满足。没有钱时想有钱，有了万贯家产又想当官，当了小官想大官，当了大官想成仙……精神上永无宁静，永无快乐，整个人成了欲望的奴隶。

在陕西南部山区一个偏僻的小山村里，有一位还未脱贫的农民，他常年住的是漆黑的窑洞，顿顿吃的是玉米、土豆，家里最值钱的东西就是一个破旧的衣服柜子。可他整天无忧无虑，早上唱着山歌去干活，太阳落山又唱着山歌回家。别人都不明白，他整天乐什么呢？

他说："我渴了有清水喝，饿了有饭吃，夏天住在窑洞里不用电扇，冬天热乎乎的炕头胜过暖气，日子过得幸福极了！"

第一章 抑制苛求，为此刻的自己鼓掌

这位农民物质上并不富裕，但他却由衷地感到幸福，这是因为他没有太多的欲望，从不为自己欠缺的东西而苦恼的缘故。

与这个农民相反的是一个卖服装的商人。这个商人有很多钱，但他却终日愁眉不展，睡不好觉，面目日益憔悴。细心的妻子对丈夫的郁闷看在眼里，急在心上，她不忍丈夫这样被烦恼折磨，就建议他去找心理医生看看。于是商人前去看心理医生。

医生见他双眼布满血丝，便问他："怎么了，是不是受失眠所苦？"服装商人说："是呀，真叫人痛苦不堪。"心理医生开导他说："别急，这不是什么大毛病！你回去后如果睡不着就用数绵羊的办法吧！"服装商人道谢后离去了。

一个星期之后，他又出现在心理医生的诊室里。他双眼又红又肿，精神更加颓丧了，心理医生感到非常吃惊，说："你是照我的话去做的吗？"服装商人委屈地回答说："当然是啊！还数到3万多只呢！"心理医生又问："数了这么多，难道还没有一点睡意？"服装商人答："本来是困极了，但一想到3万多只绵羊，那该有多少毛呀，不剪岂不可惜？"心理医生于是说："那剪完不就可以睡了？"服装商人叹了口气说："但头疼的问题又来了，这3万只羊的羊毛所制成的毛衣，现在要去哪儿找买主呀？一想到这，我就睡不着了！"

这个服装商人就是生活中高压人群的真实写照，他们被种种欲望驱赶着跑来跑去，疲乏至极，每天睁开眼睛想到的是金钱，闭上眼睛又谋划着权力，日复一日，年复一年。这样的人怎么会享受到幸福呢？

有些欲望是自然而必要的，有些欲望是非自然而不必要的，前者包括面包和水，后者就是指权势欲和金钱欲等，人不可能抛弃名利，完全满足于清淡生活，但对那些不必要的欲望，至少应当有所节制。

一个人的欲望越多，他所受到的限制就越大，一个人的欲望越少，他就会越自由、越幸福。

风力掀天浪打头，只需一笑不需愁

古希腊哲学家亚里士多德曾说过这样的话："快乐既然是人类和兽类所共同追求的东西，所以从某种意义上说，它就是最高的善。"然而，生活中，我们经常有被厄运玩弄于股掌之上的时候。这时候，快乐对我们来说，显得那么遥远。其实，人生中的波折到处都有，关键是我们有没有看到坎坷背后的坦途。当我们对生活充满热情，勇于对抗生活中的挫折，你就会发现，原来自己竟然可以这么强大。

美国前总统里根当选总统时，已经69岁，他是美国历史上年龄最大的国家元首。然而，里根凭借他乐观坚强的性格和非凡的智慧，在他的任期内创下了历任美国总统中多个"之最"，丝毫不输给年轻人。他乐观向上的精神带领美国人民逐步摆脱了越战带来的分歧和苦恼，走上了经济复兴的道路。他乐观幽默的性格不仅使共和党人对他赞誉有加，就连政治对手也对他充满了敬意。

1981年3月30日，才刚就任总统69天的里根，前往华盛顿特区的希尔顿饭店与美国一个联合会的代表们共进午餐并发表演说。当里根和幕僚们走出饭店大门时，埋伏在饭店门口媒体人群里的精神病患者欣克利，用一把左轮手枪朝里根射击了6枪，中弹的除了里根外还有白宫新闻秘书和保镖等3人，里根迅速被送至附近的华盛顿大学医院进行紧急手术。医生发现，有1发子弹击中了里根的腋下，但距离心脏有1英寸，里根也因此得以死里逃生。手术进行时里根还向医生开玩笑道："我希望你们都是共和党人。"虽然医生并不是，但他说："我们今天都会支持共和党的。"当第一夫人南希·里根到达医院时，里根则以重量

第一章 抑制苛求，为此刻的自己鼓掌

级拳击冠军杰克·登普西被击倒时的名言向她开玩笑道："亲爱的，我忘记蹲下了。"

里根的勇敢和冷静赢得了美国人民的信任，也为他接下来的演讲和国会提案添加了传奇色彩。一个国会议员后来回忆说："天啊，我怎么能拒绝这样的提案！"

人的一生，其实就是一连串的经历和心路历程。人可以创造自己的命运，却一定会受自己心理的支配。心理还决定了我们眼中过去和未来的样子，由此，悲观者和乐观者的人生是不同的。乐观者即使从一路荆棘中走来，将向满布未知中而去，他的脸上也会写满阳光，因为他相信未来一定会更好；悲观者就算从春色小径走来，面前一片坦途，也会战战兢兢，因为他总是怀疑会有不幸发生。即使是同一件事情，乐观者和悲观者的情绪状态也截然不同：乐观者看到希望，悲观者看到绝望；乐观者从希望中获得力量去成功，悲观者在绝望中等待毁灭。可能我们都有过体会，当我们快乐时，整个身心都会感受到放松、舒服，浑身充满了力量，内心也满是对未来的美好憧憬，这种乐观给我们带来的不仅仅是一种好情绪，更能间接给予我们能量，加强我们的行动力，使我们的生活变得更加美好。

一个迟暮之年的富翁，在冬日的暖阳中到海边散步，当他看到一个渔夫在晒太阳时，就问道：

"你为什么不打鱼呢？"

"打鱼干什么？"渔夫反问。

"挣钱买大渔船呀！"

"买大渔船干什么？"

"打很多鱼，你就会成为富翁了。"

"成了富翁又怎么样？"

"你就不用打鱼了，可以幸福自在地晒太阳啦。"

· 21 ·

"我不正在晒太阳嘛!"

富翁哑然。幸福不在于拥有财富,而在于获得成功时的快乐以及产生创造力时的喜悦。

幸福与财富、权力、地位不一定成正比。富翁不见得就比晒太阳的渔夫更幸福,捡破烂的与大明星完全可以拥有一样的幸福。幸福不是由你的地位、你的财富所决定的,而是由你的心态所决定的。

生活中很多事情,换个角度,换个心情,看法就会完全不同。决定快乐的不是环境,而是心境。如果我们选择快乐,那么快乐就会围绕在我们身边;反之,如果我们的眼里只有烦恼,那么烦恼就会越来越多,直至让我们难以负荷。我们应该常怀快乐,尤其是当我们处于逆境之中的时候,越是糟糕的事情,我们越要乐观地去应对。凡事往好处想,朝着乐观的方向走,希望、幸福、成功和快乐将会变得无穷无尽。

第二章

扫除烦恼,幸福生活需要静心

平平淡淡才是真
豁达大度才幸福
忘记不快乐的事情
有宽大的胸怀,才有幸福的生活
凡事随缘,懂得适可而止
学会忘记,拿得起放得下
接受改变,眼光要向前看
静水流深,宁静也是一种升华

平平淡淡才是真

　　生活简单、恬淡寂寞、虚无无为，是天地的规律、道德的本质。因此，那些得道的圣人悠然自得，没见他们忧虑什么，而一生顺利。其实，平易恬淡才是最美好的生活，只是人们谁都不信，总要弄得生活有波澜、有曲折，才认为那是生活。平易恬淡就没有忧患，这样邪气才不能袭扰自己的身心。只有这样的人，才能做到德性完备而神情不亏损。所以说，得道的圣人们生是顺天之运行，死是随万物而化；不为子孙先造下什么福，更不为子孙留下什么祸；有所感才有回应，有所迫才会有动力，一切是不得已而后起；丢弃心机与世故，遵守自然规律而行。

　　菲律宾《商报》登过一篇文章。作者感慨她的一位病逝的朋友一生为物所役，终日忙于工作、应酬，竟连孩子念几年级都不知道，留下了最大的遗憾。作者写道，这位朋友为了累积更多的财富，享受更高品质的生活，终于将健康与亲情都赔了进去。那栋尚在交付贷款的上千万元的豪宅，曾经是他最得意的成就之一。然而豪宅的气派尚未感受到，他却已离开了人间。作者问："这样汲汲营营追求身外物的人生，到底快乐何在？"

　　这位朋友显然也是属"世味浓"的一族，如果他能把"世味"看淡一些，岂不是能够惬意地生活？

　　平易恬淡的生活是快乐的源头，它为我们省去了欲求得不到满足的烦恼，又为我们开阔了身心解放的快乐空间！

　　平易恬淡就是剔除生活中繁复的杂念、拒绝杂事的纷扰；平易恬淡也是一种专注，叫做"好雪片片，不落别处"。生活中经常听一些人感叹烦恼多多，到处充满着不如意；也经常听到一些人总是抱怨无聊，时光难以打发。其实，生活是平易恬淡而且丰富多彩的，痛苦、无聊的是人们自己而已，跟生活本身无关，所以，是否快乐、是否充实就看你怎样看待生活、发掘生活。如果觉得痛苦、无聊、人生没有意思，那是因为你不懂快乐的原因！

圣人们不担心天灾，不受物累，没有人事上的是非，更是心中无鬼。他们生也如浮云，死也就这么死了；他们一生不思虑、不预谋，他们的人格闪着光彩而不炫耀，他们有信誉而不向谁许愿；他们睡觉不做噩梦，醒来不担忧；他们的神情纯粹单一而精力不疲倦。

所以说，人们的悲欢是德性上出了偏差；喜怒是求道心切的过错；心生好恶是德性上有了偏失。因为没有忧乐的干扰，才是德的最高境界；顺从自然这个"一"而不变初衷，才是静的最高层次；办事不违背自然规律，叫纯粹之极。因此，体力劳动不知休止，是大害；脑力劳动不知停歇，就疲惫，而疲惫就使人的生命枯竭。

就拿水来说吧，水的性质是没有杂质就清，不扰动就平；可是不让水流动起来，一潭死水也不能清；有流动、有变化、有吐故纳新就是天之德的象征。因此，纯粹而不杂，平静而不扰，恬淡而无为，以自然的变动来制定自己的变动，这才是最好的清理心灵之道。而这种清理心灵之道最纯一、最朴素、最基本的要领是什么？那就是专一守神。

专一就是不乱用精神，就是将"神"像藏宝剑一样看守起来。所以，一念于自己的心，守住它而不丧失，与心神合一，这就是大道的基本要领了。不论是工匠、艺术家、思想家等，只要精通于一就与天道合。

我们说的素，就是不杂；纯，就是没有亏损精神。能既不杂又不亏损精神，同时专一的人，叫真人。这样的人处在本能所为的限度内，藏身于无端无绪的混沌中，游乐于万物或死或生的变化环境里，本性专一

· 25 ·

不二，元气保全涵养，德行相融相合，从而使自身与自然相通。像这样，他的禀性持定保全，他的精神没有亏损，外物又从什么地方能够侵入呢？

这就像醉酒的人坠落车下，虽然满身是伤却没有死去，骨骼关节跟旁人一样，而受到的伤害却跟别人不同，因为他的神思高度集中，乘坐在车子上也没有感觉，即使坠落地上也不知道，死、生、惊、惧全都不能进入到他的思想中，所以遭遇外物的伤害却全没有惧怕之感。那个人从醉酒中获得保全完整的心态尚且能够如此忘却外物，何况从自然之道中忘却外物而保全完整的心态呢？

圣人藏于自然，所以没有什么能够伤害他。故而，要呵护心灵就不要开启人为的思想与智巧，而要开发自然的真性，开发了自然的真性则随遇而安，获得生存；开启人为的思想与智巧，就会处处使生命受到残害。不要厌恶自然的禀赋，也不忽视人为的才智，人们也就几近纯真无伪了！

豁达大度才幸福

中国古语有"心宽体长舒"，西方也有"A light heart lives long（豁达者长寿）"之说。可见豁达大度、不拘小节是中西方人们都很赞赏的一种人生态度。人生在世，岂能事事如意？即使贵比君王、富甲天下、才学傲世，也不能心想事成；何况人与人交往，难免有磕磕碰碰，更不能求人人顺意。唯宽宏大量，弃末逐本，才能成就大事业；也唯有把细碎的不如意视为浮云，才能除却烦恼，安闲自在。

孔子有一次和高徒子贡辩论齐国名相管仲的得失，子贡认为：管仲非"仁者",因为"桓公杀公子纠,不能死,又相之"。孔子却对子贡说:"管仲相桓公,霸诸侯,一匡天下,民到于今受其赐。微管仲,吾其被发左衽矣。岂若匹夫匹妇之为谅也,自经于沟渎,而莫之知也。"

子贡拿个人的人格来看管仲,可以说他是不仁不义。齐桓公杀了公子纠,管仲本来追随公子纠的,照理也应该殉死,他却不能以死尽忠,后来反而更进一步投降齐桓公,居然贪富贵做宰相,就更不对了。孔子说,政治道德、人生道德,很难评论得公平中肯。管仲投降了齐桓公以后,帮助齐桓公在诸侯中称霸,把当时那么乱的社会辅正过来,对历史的贡献,对国家民族社会的贡献太大了。

孔子还告诉子贡,管仲对历史的贡献有如此的大,没有管仲,我们的文化都可能灭绝了。这种情形,又怎么是普通男女认为他怎么不为公子纠而死的观念可比呢?公子纠对管仲并不好,不听管仲的意见,如听管仲的意见,就不会有齐桓公,而是公子纠称霸诸候了。公子纠不以管仲为国士,管仲也不必要为公子纠殉死。这就不能拿普通人的看法来责备管仲了。一些普通人一碰到失败就自杀,毫无价值,好像倒在污水沟里,这样一死了之,又有什么意义?所以他不轻易为公子纠而死,以致后来才有这么大的贡献。

其实,孔子对管仲这个人是有认可也有否定的,但总的说来,他肯定了管仲有仁德。根本原因就在于管仲"尊王攘夷",反对使用暴力,而且阻止了齐鲁之地被"夷化"的可能。所以,孔子没有在管仲的节操与信用上斤斤计较。

人们常说:"凡事不能太计较,凡事不能太认真。"一件事情是否该认真计较,要看场合来定。

荷马·克鲁伊是个作家,以前他写作的时候,常常会被纽约公寓热水管的响声吵得心烦意乱。他说:"后来有一天,我和几个朋友一起去露营,当我听到木柴烧得很响时,突然想到,这些声音多像热水管的响声啊！我为什么会喜欢这种声音，而讨厌家里的那种声音呢？回到家以后，我就试着对自己说，热水管的声音就像木柴燃烧的声音一样好听，然后我就埋头大睡。刚开始那几天，我还会留意热水管的声音，可是不久我就把它们全忘记了。"

荷马聪明地摆脱了一个小小的困扰，如果他一味地在这件事情上纠缠不休，最后不见得就能解决问题，还白白浪费了时间。

豁达大度的人们拥有宽广的胸怀，即使在他们去世之后，也让人们深深地怀念。豁达大度是一种明智，一辈子不吃亏的人是没有的。

同事间你来我往，无法做到绝对公平，总是要有人承受不公平，要吃亏。倘若人们强求世上任何事物都公平合理，那么，所有生物连一天都无法生存——鸟儿就不能吃虫子，虫子就不能吃树叶……

既然吃亏有时是无法避免的，那何必要去计较不休、自我折磨呢？事实上，人与人之间总是有所不同的。别人的境遇如果比你好，那无论怎样抱怨也无济于事。最明智的态度就是避免提及别人，避免与人比较这、比较那。而你应该将注意力放在自己身上，"他能做，我也可以做"，以这种宽容的姿态去看待所谓的"不公平"，你就会有一种好的心境，好心境也是生产力，是创造未来的一个重要保证。一个人要想生活在一个健康的环境里，就一定不要斤斤计较个人的得失。

英国有一位很著名的作家，出身极其穷苦，他的成功是靠着从艰苦卓绝之中，抱着百折不挠的精神长期奋斗得来的。他有一个习惯，那就是从不在乎别人付给他的稿酬多少。当他暮年的时候，各大书局竞相寻觅他的佳作，他的酬金版税也就丰厚起来。

但好景不长，他不久就生了一场大病，并且生命垂危。这个消息一传开，就有很多访问者赶来探望，他们的目的就是为了得知他的遗嘱，然后在各报发表。这班人马站在病床旁边向他请求说："老先生，你是挑战恶劣环境的胜利者，那种百折不回、刻苦自励的精神，真使我们敬

第二章 扫除烦恼,幸福生活需要静心

佩无比。你已功成名就,对我们这班崇拜你的青年、景仰你的后生有何教训?我们愿意知道先生的秘诀,胜利的方法,以做我们的指引。"

那位老先生听了这番诚恳的请求,只是微微地睁开了昏花的老眼向着他们看了看,仍旧一言不发。

他们又向他请求说:"请老先生饶恕我们的烦扰,在你病中唠唠叨叨,实在对不起。我们是新闻杂志的记者,愿意听听先生最后的教训,不但我们获益,在报上发表以后,不知又将造福多少青年,因此务请不吝赐教,我们谨候恭听。"

"成功么?秘诀么?有,请看《马太福音》十六章二十六节。"老先生轻轻地说完上面的话,便合上了双眼,与世长辞了。他们把老先生的话一一记在纸上,连忙打开《圣经》看,只见上面写的是:"人若赚得全世界,赔上自己的生命,有什么益处呢?人还能拿什么换生命呢?"

是的,人即使得到了整个世界,却付出了整个生命,又有什么益处呢?

豁达大度,也是一种高明的处世方法。大凡当领导的,都喜欢办事得力、不斤斤计较个人得失的部下,阳刚之气过盛的领导更不喜欢斤斤计较个人得失的部下。要取得他的信任,首先你自己要付出巨大的努力。凡是领导交给你的工作都要尽最大的力量去完成,争取每一件事都做得漂漂亮亮。对待个人利益一定要以大局为重,不去斤斤计较。遇到一些非原则性的小事,尽管自己觉得委屈,也不要去招惹你的上司,以免同他产生对立情绪。这样,就会让他觉得,他欠你的太多,在需要的时候,他必然首先想到你。

常言说:"吃亏是福。"就是这个道理。有时候,退一步海阔天空,换个思维想一想,一切就都迎刃而解了。所以,凡事总能找到解决的途径,只要你肯动脑筋。对于一些无关紧要的小事,你真的不必太过计较。人生苦短,多留些快乐的日子给自己吧。

忘记不快乐的事情

　　人们往往习惯于忘记生活中那些让自己高兴的点点滴滴的小事，而常常将那些痛苦牢牢地记在心里。就像吃过了糖会马上忘记它的甜味，而吃过了苦药却常常觉得那苦涩长留唇舌间。生活需要我们做的却与此相反：忘记苦涩，回味甘甜。因此，忘却是一种能力，忘却苦涩是一种更高的能力。我们需要培养这种能力，让自己的快乐比痛苦多一点。

　　我国台湾地区著名女作家三毛小时候是一个非常勇敢而又活泼的小女孩儿，她喜欢体育，常常一个人倒吊在单杠上直到鼻子流出血来。她喜欢上语文课，语文课本一发下来，她只要大声朗读一遍，便能够熟练地掌握其中的内容。有一次她甚至跑到老师那里，很轻蔑地批评说："语文课本编得太浅，怎么能把小学生当傻瓜一样对待呢？"

　　三毛12岁那年，以优异的成绩考取了台北最好的女子中学。初一时，三毛的学习成绩还行；到了初二，数学成绩一直滑坡，几次小考中最高分才得50分，三毛开始觉得自卑。

　　然而一向好强的三毛发现了一个考高分的窍门。她发现每次老师出小考题，都是从课本后面的习题中选出来的。于是三毛每到临考，都把后面的习题背过。因为三毛记忆力好，所以她能将那些习题背得滚瓜烂熟。这样，一连6次小考，三毛都得了100分。老师对此很是怀疑，他决定要单独测试一下三毛。

　　一天，老师将三毛叫进办公室，将一张准备好的数学卷子交给三毛，限她10分钟内完成。由于题目难度很大，三毛得了零分，老师对她很是不满。

第二章 扫除烦恼，幸福生活需要静心

接着，老师在全班同学面前羞辱三毛。这位数学老师拿起饱蘸着墨汁的毛笔叫她立正，非常恶毒地说："你爱吃鸭蛋，老师给你两个大鸭蛋。"老师用毛笔在三毛眼眶四周涂了两个大圆饼。因为墨汁太多，它们流下来，顺着三毛紧紧抿住的嘴唇，渗到她的嘴巴里。

老师又让三毛转过身去面对全班同学，全班同学哄笑不止。然而老师并没有就此罢手，他又命令三毛到教室外面，在大楼的走廊里走一圈再回来。三毛不敢违背，只有一步一步艰难地将漫长的走廊走完。

这件事情使三毛丢了丑，但她没有及时忘却的能力，于是开始逃学。当父母鼓励她正视现实鼓起勇气再去学校时，她坚决地说"不"，并且自此开始休学在家。

休学在家的日子里，三毛仍然不能从这件事的阴影中走出来。当家里人一起吃饭时，姐姐和弟弟不免要说些学校的事，这令她极其痛苦，以后连吃饭她都躲在自己的小屋里，不肯出来见人了。就这样，三毛患上了少年自闭症。

可以说少年自闭症影响了三毛一生，在她成长的过程中，甚至在她长大成人之后，她的性格始终以脆弱、偏颇、执拗、情绪化为主导。这样的性格对于她的职业可能没有太多的负面影响，却严重影响了她人生的幸福。1991年1月，三毛在台北自杀身亡，这与她的性格弱点有重要关联，正是因为三毛的性格，才导致了她那最终可悲的命运。

对于12岁时的丢丑事件的念念不忘，使三毛产生了不良的性格倾向，长大成人的三毛深知这样的性格会是自己成功路上的拦路虎。为此，她独自一人远赴欧洲，游历非洲，主动创造条件改变自己不健康的个性。正是因为她对自己个性的主动改造，才使她在文学创作上获得了成功。

忘却也是一种能力。对于一些不愉快的事，一些不值一提的小事，一些没有意义的琐事，我们应该及时地忘掉。对于丢丑的事件，我们更

要及时遗忘，把它放在心上，只会影响自己个性的发展与完善。

我们难免被生活的暗流冲击，留下累累的伤痕，以见证我们所遭受的种种磨难。但这磨难是教会我们成熟和坚强的，不是让我们牢记并痛苦的。忘却的能力也许比记忆的能力更难培养，但我们需要有这种能力让自己潇洒地活着。

有宽大的胸怀，才有幸福的生活

不必在意别人冷漠的表情、窃窃的私语；不必费心去揣测、琢磨别人怎样待你、怎样评价你；不必在意微小的得失、过错或失败，那只是成长路上的一个小插曲。豁达一点，超然一点，平静喜悦地走过每一个日子，然后再回过头想想所经过的是非得失、喜怒哀乐、苦辣酸甜，你会发觉眼前的生活轻松愉快，充满了七彩阳光。

1898年冬天，幽默大师威尔·罗吉士继承了一个牧场。有一天，他养的一头牛，为了偷吃玉米而冲破附近一户农家的篱笆，最后被农夫杀死。依当地牧场的共同约定，农夫应该通知罗吉士并说明原因，但是农夫没有这样做。罗吉士知道这件事后，非常生气，于是带着佣人一起去找农夫理论。

此时，正值寒流来袭，他们走到一半，人与马车全都挂满了冰霜，两人也几乎要冻僵了。好不容易抵达木屋，农夫却不在家，农夫的妻子热情地邀请他们进屋等待。罗吉士进屋取暖时，看见妇人十分消瘦憔悴，而且桌椅后还躲着5个瘦得像猴子的孩子。不久，农夫回来了，妻子告诉他："他们可是顶着狂风严寒而来的。"

罗吉士本想开口与农夫理论，忽然又打住了，只是伸出了手。农夫

第二章 扫除烦恼，幸福生活需要静心

完全不知道罗吉士的来意，便开心地与他握手、拥抱，并热情邀请他们共进晚餐。这时，农夫满脸歉意地说："不好意思，委屈你们吃这些豆子，原本有牛肉可以吃的，但是忽然刮起了风，还没准备好。"孩子们听见有牛肉可吃，高兴得眼睛都发亮了。吃饭时，佣人一直等着罗吉士开口谈正事，以便处理杀牛的事。但是，罗吉士看起来似乎是忘记了，只见他与这家人开心地有说有笑。饭后，天气仍然相当差，农夫一定要两个人住下，等转天再回去，于是罗吉士与佣人在那里过了一晚。

第二天早上，他们吃了一顿丰盛的早餐后，就告辞回去了。回家的路上，佣人忍不住问他："您不是打算讨公道吗？"罗吉士笑着说："那是原来的打算，当我看到那一家人后，我就不想再追究了，太小心眼了没什么好处！"

生活中却总有很多人习惯于斤斤计较，遇事就犯小心眼的毛病，结果无事常思有事，把自己的生活搞得一团糟。故事中的罗吉士虽然失去了一头牛，但这段经历却使他明白了一个道理：一个人总是斤斤计较的话，做人也不会开心，生活中的一些小事根本就不值得太过计较。

李大妈早年丧夫，无儿无女，可能就是因为这个原因，李大妈的脾气暴戾、偏激、狂躁、喜怒无常。老郑和老吴是李大妈的邻居。因为李大妈的坏脾气，她和老郑、老吴的关系处得很别扭。老郑和老吴也因为有李大妈这样的邻居而沮丧不已。而老吴和老郑两人的性格也截然不同，老吴豁达开朗，凡事想得开；老郑则有点心胸褊狭，爱走极端。因此两人虽生活在同一个环境中，表现却大不一样：老吴整天乐呵呵的，老郑则一天到晚吊着脸，一副快快不乐的样子，好像谁借了他二斗大米却还了他二斗陈稻谷似的。

一天，李大妈的一只乌鸡不见了，她便在自家院里跳着脚骂："哪个老不死的偷了我的乌鸡？谁偷了我的乌鸡断子绝孙，死时闭不上眼睛！"骂声很大，邻居老吴和老郑都听见了。

老吴想："她没点名骂谁，咱也没干那亏心事。不做亏心事，睡觉不怕鬼敲门，她爱骂骂去，与咱毫不相干。"于是，老吴对她的骂声仿佛没听见似的。而老郑则不一样，他想："这怕是冲我来的，这婆娘真没口德，开口闭口老不死的。哎，真气死我了！"老郑气得吃不下饭，睡不着觉，不几天便病倒了。

几天以后，李大妈在她家的草堆中发现了死鸡。原来乌鸡觅食钻到了草堆下面，它还没出来，李大妈便在外面放了一担柴火，把那个出口堵住了，以致它饿死在里面。

李大妈有些内疚，便找老吴和老郑道歉。

老吴听后说："我没什么，一点都没生气啊！"

老郑听后，心中的怨气慢慢地消了，过了几天，就能起来行走，身体慢慢地恢复了。"哎，都是自己小心眼造成的，咱要像人家老吴，还生哪门子气呢？"老郑此时才明白过来。

做人凡事都要看得开一点，斤斤计较只是在自找麻烦，一些小事根本就不值得太往心里去。如果像故事中的老郑那样总是为点小事计较，犯小心眼，那生活又怎么会有快乐可言！小心眼的人，就是太在乎别人怎么说、怎么看，于是经常被一些不必要的事情烦扰，怕别人责怪而自责，怕别人取笑而自卑，怕难堪而自闭。

很多年前，一名美国青年摩尔在中南半岛附近海下270英尺深的潜水艇里，学到了一生中最重要的一课。当时摩尔所在的潜水艇从雷达上发现一支日军舰队朝他们开来，他们发射了几枚鱼雷，但没有击中任何一艘舰。这个时候，日军发现了他们，一艘布雷舰直朝他们开来。3分钟后，天崩地裂，6枚深水炸弹在潜水艇四周炸开，把他们直压到海底270英尺深的地方。深水炸弹不停地投下，整整持续了15个小时。其中，有十几枚炸弹就在离他们60英尺左右的地方爆炸。倘若再近一点的话，潜艇就会被炸出一个洞来。

摩尔和所有的士兵一样奉命静躺在自己的床上，保持镇定，当时的摩尔吓得不知如何呼吸，他不停地对自己说：这下死定了……潜水艇内部的温度达到摄氏40多度，可是他却怕得全身发冷，一阵阵冒虚汗。15个小时后，攻击停止了，那艘布雷舰用光了所有的炸弹后开走了。

摩尔感觉这15个小时就好像是150万年。他过去的生活一一浮现在眼前，那些曾经让他烦忧过的无聊的小事更是记得特别清晰——没钱买房子，没钱买汽车，没钱给妻子买好衣服，并且为了点芝麻小事和妻子吵架，还为额头上的一个小疤影响容貌发愁……

可是，这些令人发愁的事，在深水炸弹威胁生命的那一刻，显得那么荒谬、渺小。摩尔对自己发誓，如果他还有机会看到明天的太阳的话，他永远都不会再为这些小事忧愁了！

这是一个人经过大灾大难才悟出的人生真理。英国著名作家迪斯累利曾精辟地指出："斤斤计较的人，生命是短促的。"的确，如果让微不足道的小事时常吞噬我们的心灵，不愉快的感觉会伴随人可怜地度过一生。

凡事随缘，懂得适可而止

任何事情都不是孤立存在的，环境适应了，它就会生长。人生也不是空行的，遇到缘分就能相聚，缘分尽了就会离散。佛经云："一饮一啄，莫非前定。"俗语有："缘分到了自然有，缘分尽了莫强求。"其中流露出的消极唯命的思想固不足取，然而其凡事体任自然、随缘知命的态度，却是处在名缰利锁束缚下的现代人一剂很好的清凉剂。

凡读过王羲之的《兰亭集序》的人，大致上可以领悟盛衰无常、悲喜无定的含义。在崇山峻岭、茂林修竹的雅致环境里，众贤毕至，高朋会聚，曲水流觞，咏叙幽情，这是何等快乐！王羲之欣然记道："是日也，天朗气晴，惠风和畅。仰观宇宙之大，俯察品类之盛，所以游目骋怀，足以极视听之娱，信可乐也。"但是，就在"怡然自足，不知老之将至"之时，突然使人产生了万物"修短随化，终期于尽"的悲哀，于是情绪一转，"及其所之既倦，情随事迁，感慨系之矣！向之所欣，俯仰之间，已为陈迹，犹不能不以之兴怀"。这是真正的乐极生悲。

类似的心情变化可以在苏东坡的《前赤壁赋》中进一步印证。苏东坡与客泛舟江上，"饮酒乐甚，扣舷而歌"，这本来是很快活的，偏偏乐极生悲，"客有吹洞箫者，倚歌而和之"，其声偏偏又呜呜然。"如怨如慕，如泣如诉"，这8个字真是把一个人由乐转悲之后的难言心境写绝了。饮酒本是一件乐事，但多愁善感的人饮酒，往往会见物生情，情到深处反添恨。正如司马迁所说："酒极则乱，乐极则悲，万事尽然。"

在生活的悲欢离合、喜怒哀乐的起承转合过程中，人应随时随地、恰如其分地选择适合自己的位置。中国人说："贵在时中！"时就是随时，中就是中和，所谓时中，就是顺时而变，恰到好处。正如孟子所说的："可以仕则仕，可以止则止，可以久则久，可以速则速。"鉴于人的情感和欲望常常盲目变化的特点，讲究时中，就是要注意适可而止，见好就收。一个人是否成熟的标志之一是看他会不会退而求其次。

退而求其次并不是懦弱畏难。当人生进程的某一方面遇到难以逾越的阻碍时，善于权变通达，心情愉快地选择一个更适合自己的目标去追求，这事实上也是一种进取，是一种更踏实可行的以退为进。古人说："力能则进，否则退，量力而行。"自不量力是做人的大敌。当一个人在一种境地中感到力不从心的时候，退一步反而海阔天空。

第二章　扫除烦恼，幸福生活需要静心

一个聪明的女人懂得适度地打扮自己，一个成熟的男子知道恰当地表现自己。美酒饮到微醉处，好花看到半开时。明人许相卿说："富贵怕见花开。"此语殊有意味。言已开则谢，适可喜，正可惧。做人要有一种自惕惕人的心情，得意时莫忘回头，着手处当留余步。此所谓"知足常足，终身不辱，知止常止，终身不齿"。宋人李若拙因仕海沉浮，作《五知先生传》，谓做人当知时、知难、知命、知退、知足，时人以为智见，反其道而行，结果必适得其反。

君子好名，小人爱利，人一旦为名利驱使，往往身不由己，只知进，不知退。尤其在中国古代的政治生活中，不懂得适可而止，见好便收，无疑是临渊纵马。中国的君王，大多数可与同患，难与处安。所以做臣子的在大名之下，往往难以久安。故老子早就有言在先："功名，名遂，身退。"范蠡乘舟浮海，得以善终；文种不听劝告，饮剑自尽。此二人，足以令中国历史臣宦者为戒。不过，人的不幸往往就是"不识庐山真面目"。

与人相交，不论是同性知己还是异性朋友，都要有适可而止的心情。君子之交淡如水，既可避免势尽人疏、利尽人散的结局，同时友谊也只有在平淡中方能见出真情。越是形影不离的朋友越容易反目为仇。因此，古人告诫说："受恩深处宜先退，得意浓时便可休。"即使是恩爱夫妻，天长日久地耳鬓厮磨，也会有爱老情衰的一天。北宋词人秦少游所谓"两情若是久长时，又岂在朝朝暮暮"，这不只是劳燕两地的分居夫妻之心理安慰，更应为终日厮守的男女情侣之醒世忠告。

古人言："乐不可极，乐极生悲；欲不可纵，纵欲成灾。"乐极生悲一语在中国几乎妇孺皆知，但一般人对它的理解，往往是指一个人因快乐过度而忘乎所以、头脑发热、举止失矩，结果不慎发生意外，惹祸上身，化喜为悲。概括地讲，乐极生悲是一个人对生命的热爱和留恋而生出的惘然和悲哀；详情而言，是一个人对生活中好花不常开，好景难

常在的无奈和怅怀。人的情绪很难停驻在一种静止的状态，人对世事盛衰兴亡的更替习以为常之后，心境喜怒哀乐的轮回变换也成为了自然，人在纵情寻乐之后，随之而来的往往是莫名其妙的空虚伤怀，挥之不去，避之不开，因为欢乐和惆怅本来就首尾并列。所以庄子在"欣欣然而乐"之后感叹："乐未毕也，哀又继之。"人只有在生命的愉悦中才能体会真正的悲哀。所以，真正的丧亲之痛，不在丧亲之时，而在合家欢宴或睹旧物、思亡人的那一瞬间。人在悲中不知悲，痛定思痛是真痛。

任何人不可能一生总是春风得意。人生最风光、最美妙的往往是最短暂的。俗言道："花无百日红，人无千日好。"就像搓牌一样，一个人不能总是得手，一副好牌之后往往就是坏牌的开始。所以，见好就收便是最大的赢家。世故如此，人情也是一样。

学会忘记，拿得起放得下

人生就像一场漫长的旅途，可以看到各种各样的风景，舔尝人间的酸甜苦辣。如果把走过去、看过去的都牢记心上，就会给自己增加很多额外的负担。看到的越丰富，压力就越大。聪明的行者，学会给自己的心灵放下负担，一路走来，一路忘记，永远保持轻装上阵。他们知道，过去的已经过去了，时光不可能倒流，除了汲取经验教训以外，大可不必耿耿于怀。

从前，有个老和尚带着小和尚一起去下山化缘，小和尚初次下山，既新奇又害怕，什么事都看着师父。他们走到一条河边，一个女子要过河，可是河上没有桥，河水也非常冷。小和尚想：出家人与人方便，我应该背这位女子过河。可是这么做不是违反戒律了吗？正在小和尚犹豫时，老和尚上前，背起女子过了河，女子道谢后离开了。小和尚心里一直犯嘀咕：师父怎么可以背那个女子过河呢？但他又不敢问。一直走了20里，他实在憋不住了，就向师父请教：我们是出家人，你怎么能背那女子过河呢？师父淡淡地说，我只是把她背在了身上，过河就放下了，可你却在心上背了她20里还没放下。

　　人生不如意之事常十之八九，要想在人生的旅途上走得轻松些，就必须给自己减压，减压的好方法就是学会忘记。能拿得起，更要放得下。

　　乐于忘怀是一种心理平衡，需要坦然与真诚地面对生活。有些人能够忘记失意时的尴尬和窘迫，却对顺境时的得意津津乐道，岂不知成功和失败一样会留在过去。若老是沉湎过去不能释怀，常常说我年轻那会如何如何，拿昨日黄花当眼前美景，让过眼烟云在心头永留，沾沾自喜，自鸣得意，陷自己于虚妄之中，便会不思进取，裹足不前。英雄不提当年勇，这句话是有道理的。而反复咀嚼过去的痛苦，永远一脸的苦大仇深就更不足取了。印度诗人泰戈尔说过："如果你为失去太阳而哭泣，你也将失去星星。"为鸡毛蒜皮斤斤计较，为陈芝麻烂谷子耿耿于怀，只怕心灵之船不堪重负，记忆之舟承载不下，会让痛苦的过去牵制住未来。一句老话说得好：生气是拿别人的错误来惩罚自己。加州大学一篇保健资料提出：半数以上的年老性痴呆和80%左右的恶性肿瘤都与生活中的负面事件及不良信息有关。因此，我们有必要学会淡忘那些负面事件及不良信息，学会保护自己的心理健康。老是念念不忘别人的坏处，实际上深受其害的是自己，既往不咎的人，才是快乐轻松的人。

　　学会忘记，不是要你浑浑噩噩，没心没肺；有些人、有些事在你的一生中是无法忘怀的，也不该忘怀。那么，什么事情须刻骨铭心，永世不忘呢？是别人对自己的好处！所谓：人对我有恩不可忘，我对人有恩不可不忘。为何要牢记别人对自己的恩惠？因为要随缘报恩。猫、狗之类尚且知道报恩，何况人类？不知报恩如何做人？

　　为何又要淡忘自己对别人的恩德呢？因为念念不忘所施之恩，就必然时刻期待别人的回报，古语所说"市恩"就是这种人，其心态近似于放高利贷者。一旦与人有恩，就念念不忘别人的报答，慷慨仁义不见，自私算计涌上心头。如果别人的回报不能让自己满意，势必怒从心头起，恶向胆边生，轻则烦恼丛生，重则大骂其"白眼儿狼"、没良心，反目为仇，然而恩惠已经施与别人，现在愤怒也是无可奈何，不过是让人轻视自己的品格，徒增自己的烦恼罢了。所以说，要忘记自己给别人的，记住别人给自己的。

　　作家阿里，有一次和吉伯、马沙两位朋友一起旅行。3人行经一处山谷时，马沙失足滑落。幸而吉伯拼命拉他，才将他救起。马沙于是在附近的大石头上刻下了："某年某月某日，吉伯救了马沙一命。"3人继续走了几天，来到一处河边，吉伯跟马沙为一件小事吵起来，吉伯一气之下打了马沙一耳光。马沙跑到沙滩上写下："某年某月某日，吉伯打了马沙一耳光。"当他们旅游回来后，阿里好奇地问马沙为什么要把吉伯救他的事刻在石上，将吉伯打他的事写在沙上？马沙回答："我永远都感激吉伯救我，我会记住的。至于他打我的事，我会随着沙滩上字迹的消失而忘得一干二净。"

　　这个故事告诉我们，牢记别人对你的帮助，忘记别人对你的不好，这才是做人的本分。有了这份修养和快乐，就是人生的成功。谁不愿拥有一个不为烦恼所动的快乐人生呢？所以，人生短暂，何必对过去的痛苦耿耿于怀呢？何必要自己伤害自己呢？我们一定要对过去网开一面，宽恕别人，就是爱护自己，是真正、彻底地爱护自己。要知道，最有力量的是"当下"，不是过去，也不是将来。我们当下就可以改变自己，可以淡忘不快，可以消解烦恼，可以使我们的生活充满祥和与友爱。这一切其实就在当下的一转念之间。

第二章 扫除烦恼,幸福生活需要静心

接受改变,眼光要向前看

我们身边总有一些人,他们觉得过去什么都好,而现在一切都不如意。其实,过去的事情永远不会再回来,现在奋斗才是唯一能起作用的手段,而未来怎么样,就决定于现在的心态。做事情不要被已经发生的相关的事情所困扰,只要是正确的,就要义无反顾地走下去,没有必要因为做错了什么事情而悔恨,眼光要向前看。

一个女儿对她的父亲抱怨,说她的生命是如何痛苦、无助,她是多么想要健康地走下去,但是她已失去方向,整个人惶惶然,只想放弃。她已厌烦了抗拒、挣扎,但是问题似乎一个接着一个,让她毫无招架之力。

父亲什么也没说,拉起心爱的女儿的手,走向厨房。他烧了3锅水,当水滚烫了之后,他在第一个锅里放进萝卜,第二个锅里放了一个鸡蛋,第三个锅里放了咖啡。女儿不解地望着父亲,而父亲只是温柔地握着她的手,示意她不要说话,静静地看着滚烫的水中煮着的萝卜、鸡蛋和咖啡。

一段时间过后,父亲把锅里的萝卜、鸡蛋捞起来放进碗中,把咖啡滤过倒进杯子,问女儿:"你看到了什么?"

女儿说:"萝卜、鸡蛋和咖啡。"

父亲让女儿摸摸经过沸水烧煮的萝卜,萝卜已被煮得又软又烂;他又要女儿拿起那个鸡蛋,敲碎薄硬的蛋壳;然后,他再让女儿尝尝咖啡,女儿喝了一口咖啡,闻到浓浓的香味。

女儿问父亲:"您这样做是什么意思呢?"

· 41 ·

父亲解释道:"这3样东西面对相同的逆境,也就是滚滚的水,反应却各不相同:原本粗硬、坚实的萝卜,在滚水中却变软变烂了;这个蛋原本非常脆弱,薄硬的外壳起初保护了里面的液体,但是经过沸水的烧煮后,蛋壳内却变硬了;而粉末似的咖啡却很特别,它改变了煮它的沸水。我的女儿,你愿意做什么呢?"看似坚强的萝卜,当痛苦与逆境到来时却变得软弱,失去力量;原本脆弱的鸡蛋,经历困境之后变得僵硬顽强;而咖啡,却将那带来痛苦的沸水改变了。当逆境来到你门前,你作何反应呢?别让痛苦与磨难摧折了自己,尝试着去改变,生活便会另有一番滋味。

每个人都有怀旧的心理,即使嘴里高喊着向前看,眼睛还是会不由自主地瞄向那些"过去的美好日子"。绝大多数人对新事物的接受会表现出一种羞羞答答的心态,直到新事物不再新鲜,再用一种怀旧的或恍然大悟的口吻来评说。客观地分析,向后看既是对过去的留恋,也是对现实的迷惘和不满。但留恋和不满都对眼下的问题毫无帮助,因此,向前看就显得比怀旧更为重要。特别是对新事物,更应该用发展的和超前的眼光来认识对待。辩证唯物主义认为,世界是由在一定的时空中有规律地运动着的物质组成的,就是说分析事情或现象要以特定的时空作为条件。因此,我们特别强调要向前看。

而在现实生活中,有的人对于曾经失去的机会耿耿于怀。每当失意的时候都会感叹,如果当初我那样选择,那么现在我将是怎样怎样了。但关键是你没有那样选择,关键是你已经失掉了那个机会,如果你再自怨自艾下去,你将失掉下一个机会。所以,过去的事情完全没有必要放在心上,你当初那样做,一定有你那样做的理由,谁也无法预测未来,不能用你的今天去对比你的昨天,然后使自己生活在痛苦中。这两者之间根本就没有可比性,对于现实来说,预测永远都要甘拜下风,你当然不必为曾经的选择失误而伤心沮丧。

第二章 扫除烦恼,幸福生活需要静心

一位老人在高速行驶的火车上不小心把刚买的新鞋从窗口上弄出去了一只,周围的人倍感惋惜。不料那老人立即把第二只鞋也从窗口扔了下去,这举动更让人大吃一惊。老人解释说:"这一只鞋无论多么昂贵,对我而言都没有用了。如果有谁能捡到一双鞋子,说不定他还能穿呢!"

这位老人把失去变得可爱,我们何尝又不能呢?不要老盯着被打翻的牛奶,赶紧把家里的猫抱来,就当是给猫准备的晚餐了。

我们都经历过某种重要或心爱的东西失去的事情,其大都在我们的心理上投下阴影。究其原因,那就是我们并没有调整心态去面对失去,没有从心理上承认失去,总是沉湎于已经不存在的东西,没想到去创造新的东西。与其抱残守缺,不如就地放弃。普希金的诗中说:"一切都是暂时,一切都会消逝,让失去变得可爱。"失去不一定是损失,也可能是获得。

有些人终日为过去的错误而悔恨,为过去的决策失误而惋惜,沉溺于过去的错误之中,是事业成功的一大障碍。它会斩断进取的锐角,磨钝智慧的锋芒,甚至使人愚蠢地得出这样的结论:"我过去失败了,下次恐怕不行了。"因此,畏首畏尾,顾虑重重,很难取得事业的成功。

甑被打破,不可能恢复原状。任你哀叹,任你后悔,任你捶胸顿足呼天喊地,任你悔断肠子,心疼、肝疼、胃疼,任你3天不吃饭、5天不睡觉,也肯定不会改变这个已经板上钉钉的事实。聪明的做法,就是按照扔鞋子的老人的做法去做,这才是人生的大智慧。

在生活中,不可能事事顺心,万事如意。下岗、被精简、被老板炒了鱿鱼,不如意;落选、被降职、被顶头上司冷落,不如意;评副高职称少了一票、送学术刊物的论文泥牛入海,不如意;经商亏本、工厂赔钱、路上被窃,也不如意……林林总总,不一而足。一旦遇到这样的事该怎么办?想想"甑已摔破,顾之何益",想想那个扔鞋子的老人,想想人家的生存智慧,对自己肯定会大有裨益的。

在当代社会，更应具有这样的生存智慧，因为在社会激烈的竞争中，我们手中的"甑"随时可被他人打破。遇到这样不如意的事，不哭天抹泪，不怨天尤人，不消沉颓唐，不心灰意懒；汲取教训，挺直腰杆，义无反顾，径直向前。生活中，这样的人才能出人头地，才能成为强者，才能事业有成，才能品尝到成功的喜悦，才会有鲜花美酒的陪伴。

既然事情已经过去，就不要再耿耿于怀。调整好心态，勇敢地面对现在和未来。要知道，悔恨过去，只会损害眼前的生活。不要让"打破的甑"潮湿了我们的心情，我们还有很多事要做，我们没有理由因为这件事而拒绝这一天的生活，相反，我们应该将这天的生活过得平静而恳挚，这样才会有丰盈的过去，也才能开创未来。

要想发挥自己的潜能，取得事业的成功，必须勇于忘却过去的不幸，重新开始新的生活。莎士比亚说："聪明人永远不会坐在那里为他们的损失而哀叹，却用情感去寻找办法来弥补他们的损失。"

静水流深，宁静也是一种升华

现代社会是一个高速发展的社会，一切都在快速地动、动、动。速度和效率成了现代人的信仰，也成了现代人的快乐之源。活力、干劲、奋斗的激情、成功的喜悦、火热的气氛，都是"动"的乐趣。然而，你是否体验过，当你静下来时，会有一种发自内心的安宁与超脱涌上来，这种感觉就像一股清凉的泉水，令你的心也变得澄净起来。你会发现，原来世界可以这么宁静，原来心灵可以这么自在。这就是宁静的幸福。

第二章 扫除烦恼，幸福生活需要静心

奥地利诗人莱瑙说过一个关于3个吉普赛人的故事：他们3人正在沙漠中间一个荒凉的地方。第一个吉普赛人手拿提琴，悠然自得，自拉自唱一首热情的歌曲，夕阳就映照在他坚毅的脸上；第二个吉普赛人嘴里衔着烟斗，望着袅袅的烟雾，还是那样的快乐，好像世界上没有什么让他忧愁的；第三个吉普赛人却愉快地睡着了，他的提琴就丢在草丛中，风儿掠过他的琴弦，也掠过他的心房……

静能生美，静能出思，静是万动之源。先静下来，心灵才得以休息。生活不安定，思想不安定，周围就会缺少关照的人，心里一定很悲戚。这个时候，情绪容易激动，我们就必须要坚守正道，小心行事。如果行为不安定了，那就要有一个固定的住所，把身先安定，然后安定心灵。如果心灵不安定了，那就要出游，要在山水间求得心灵的安定。

西谚有云："Still waters run deep（静水流深）。"人在行动的时候，往往会被认为很有力量，其实人在思想的时候最有力量。静不下来，是对静的意义认识不足。处变不惊，你才能静下来。孔子说：迅雷烈风，必然使人变色。世界震动，许多人必然恐惧，如果因恐惧而戒备，以后就会幸福。当灾难来临，恐惧万分，但过后就忘记，谈笑自若，不知警惕，这样没有好处，将来要吃大亏。只有平时戒备的人，当突然遭到震惊，才不至于不知所措。

动是世界的阳面，静是世界的阴面。阳面，是看世界的；阴面，是想世界的。动，是世界的亨通。但静，才是世界的推动。你要静得下来，要对周围发生的一切有足够的思想准备，要知道发生的一切对你没有什么影响。即使有影响，你也有能力应付。这样，你才能静得下来。汲取了教训，你才能静得下来。

过去发生的事情，曾经使你夜不能寐，惊恐万分，但你已经有了经验了，再次发生这样的事情，你就能安静如初。你经历了打击，经历了磨难，经历了别人的整治，以后当你重新面对这一切的时候，你内心也

会平静如水。毛泽东说过:"不管风吹浪打,胜似闲庭信步。"这就是静的最高境界。

没有静思,总在动,不会有什么好结果。陶渊明曾经为了五斗米的俸禄,去做了彭泽县的县令,然而他始终不快乐,不能"为五斗米折腰",终于归田园居,回到了"采菊东篱下,悠然见南山"的自在生活。回忆自己的宦仕岁月,他不禁慨叹:"既自以心为形役,奚惆怅而独悲。"

江河奔腾,虽然能够百川汇海,然而,每一条江河都宣泄无度,就会泛滥成灾;民情沸腾,虽然能够百业兴旺,然而,每一个人都狂热无度,就会歇斯底里;群芳尽绽,虽然能够春光娇娆,然而,每一朵花都争艳斗奇,繁荣的背后已经隐藏着衰败。进而不急,动而不躁,张而不露,才是动的极致,也是静的基础。

第三章

卸去伪装,实现感情中的真正融合

诚信是人际交往第一课
交友务求志同道合
保持自尊,交往才能见真心
真诚宽容,这个世界会更美
放下身份,路会越走越宽
虚言无用,凭实际行动打动人
珍惜别人的信任
坦诚认错,挽回形象

诚信是人际交往第一课

　　诚信，就是诚实守信，它包括不欺人、重承诺、不耍花招、敢于负责等内涵。作为一种传统美德，诚信不仅是个人道德修养的底线，也是人际交往和各种社会事务顺利进行的基本保证。我们只有说话算话、诚心实意，才能赢得别人的信任，才能交到朋友。同样，只有一个人的诚信没有问题时，我们才愿意和他交往。所以，诚信是人立身之本，人与人真诚交往的第一课就是双方一定要讲诚信。

　　华盛顿是美国的第一任总统。他从小聪明能干，好奇心强，不论对什么事情都喜欢问个"为什么"。他的父亲是个大种植园的园主，非常喜爱花草树木。他亲手在自家的花园里栽了几棵樱桃树，对它们爱如珍宝。

　　一天，父亲出去了。华盛顿望着枝叶茂盛的樱桃树，脑子里闪出个大问号：这几棵樱桃树为什么能长得这样好呢？他皱着眉头来回打量，突然自语道："哼，这树干里面说不定有什么'宝贝'呢！弄开看看。"他看看家里没人，便提了一把斧头，来到树前"咔嚓"一声把樱桃树砍断了。然后，他扔下斧头，握把小刀，急切地在树干里拨呀、找呀，但始终没找到什么"宝贝"。于是，他泄气了，心想："'宝贝'没找到，树也砍坏了，父亲回来定会打我的。"

　　父亲回来了，看到被砍断的樱桃树，恼怒地吼道："这是谁干的？谁干的？真是太坏了！我要扭断他的胳膊。"听到父亲的喊声，全家人都跑出来摇头摆手表示不是自己砍的。

　　这时，华盛顿咬了一下嘴唇，走到父亲跟前说："爸爸，樱桃树是

第三章 卸去伪装，实现感情中的真正融合

我砍的！"父亲正要举手打他，华盛顿睁着一双大眼睛望着盛怒的父亲说："爸爸，我告诉你的是事实，决没有说假话！"听着儿子的申述，父亲的怒容顿时消失了，心想：是呀，孩子虽然损坏了樱桃树，但他却认识了自己的错误，而且能诚实勇敢地承认错误，我怎么能打他呢？

他亲切地拉过华盛顿说："孩子，你不必害怕，我不会打你的。因为，你这种对错误勇敢诚实的态度，比爸爸心爱的樱桃树要珍贵千万倍！"接着他拍拍儿子的小脑瓜，询问了他砍树的前前后后。华盛顿又如实地向父亲叙述了他砍树的想法。父亲听了很高兴，吻了一下儿子说："是啊，对任何事情都要多问几个为什么。"然后父亲大声向全家人说："我们家的每一个人，都要学习我们的小宝贝华盛顿这种诚实和勇于认错的精神！"

在当今社会中，诚信是人们日常交往所必备的品质，"人而无信，不知其可"，在这样一个激烈竞争的时代，没有起码的诚信，在社会上立足尚不可，何谈成功？一个人诚实有信，自然得道多助，能获得大家的尊重和友谊。反过来，如果贪图一时的安逸或小便宜而失信于朋友，表面上是得到了"实惠"。但为了这点实惠，他毁了自己的声誉，而声誉相比于物质是重要得多的。所以，失信于朋友，无异于丢弃了西瓜去捡芝麻，是得不偿失的。

很久以前，有一个商人，渡河时他的船翻了，他便抓住水中的浮草，在那里哀号求救。有一个渔夫用船去救他，还未靠近，商人就急忙吼叫道："我是这里有名的富翁，你如果救我，我给你100两金了。"

渔夫真的把他救上了陆地，商人却只给了渔夫10两金子。渔夫说："当初你答应给我100两金子，如今却只给了10两，这岂不是不讲信用吗！"

商人听了勃然大怒："你是个打鱼的，一天的收入能有多少？今天一下子就得到10两金子，你还不满足吗？"

渔夫失望地离去了，后来，这商人乘船顺河而下，船碰到礁石，商人又淹没在水中，那个渔夫正好又在那里。

有人问渔夫："你怎么不去救他呢？"

渔夫说："这就是那个答应给100两金子却言而无信的商人。"

渔夫把船靠了岸，看到商人随后就沉没了。

"一言既出，驷马难追"、"人而无信，不知其可"，这些流传了几千年的古话都形象地说明了诚信的重要，在这样一个激烈竞争的社会，没有起码的诚信品质，想要立足于社会，何谈可能？

曾几何时，世风日下，人心不古，有些时候，人与人之间不仅没有了信任和依托，而且尔虞我诈。这种风气严重影响了个人和整个经济局势的发展。因此，人们呼唤诚信的呼声日益高涨。在现代社会，不讲诚信的人将会逐渐被淘汰出局。唯有以诚信立世，才能在人生路上长远顺利地走下去。

交友务求志同道合

交友之所以讲求志同道合，是因只有志相同、道相合，彼此之间才会互相扶助，风雨共担；才可以推心置腹，彼此温暖。一个人一生之中若真能得几个这样的朋友，也是人生的一大幸事。倘若朋友很多，能够相互搀扶的没有几个，能够风雨同舟的更是寥若晨星，那么这样做人也是一种失败，事业当然也难求进展。

在卡耐基的一生中，友谊是其生活的重要组成部分，他说："如果没有友谊，我就无法活下去。"

卡耐基共结交了3位挚友：赫蒙·克洛依、法兰格·贝克尔和罗威

第三章 卸去伪装，实现感情中的真正融合

尔·汤姆斯。赫蒙·克洛依是来自卡耐基的故乡玛丽维尔的作家，卡耐基和他都是从玛丽维尔走向纽约的。但赫蒙·克洛依似乎更幸运些，他在《圣约瑟夫报》、《圣约瑟新闻》以及《圣路易斯快报》担任记者之后，找到了一个最适合他的职位——巴特瑞克出版社杂志编辑的助理。

刚开始时，他们两人并没有什么交往，在一次偶然的度假中，卡耐基遇上了克洛依，两人交谈起各自在纽约的奋斗历程。卡耐基在和克洛依的一系列交往中，逐步建立起了深厚的友谊，成为一生的挚友，关系一直持续到卡耐基逝世。

他们两人都有共同的兴趣爱好，比如喜欢旅游，而且还经常一同出去游泳。一次游泳中，克洛依问卡耐基："亲爱的戴尔，为什么不尝试写作呢？"

"我正在积极地准备。"卡耐基兴奋地回答。

从此，卡耐基提起了笔，下定决心进行创作，在卡耐基一生的畅销书创作中，克洛依的帮助功不可没。

卡耐基对克洛依在他成功道路上所起的作用非常感谢，为此，他特意在《影响力的本质》一书的扉页上写了一段话赠给克洛依，他写道："让我以最高的名誉把此书献给我最尊敬、最重要、最诚实的朋友。"

法兰格·贝克尔曾是卡耐基的学生，他们的友谊是在卡耐基培训班上开始的。贝克尔是在贫困中长大的，父亲在他年幼时就去世了，家庭从此陷入困境。为了维持生计，贝克尔很小就开始当报童，稍微长大一些后便去开蒸汽炉挣钱来帮助母亲，后来他成为一名棒球手而使他进入了灿烂的人生舞台。可是，后来他在球场上受了伤，不得不从球场上退下来。在这之后他转做销售，但贝克尔很快发现，自己很难取得预想的成功。于是他加入了卡耐基培训班。他在课堂上的表现使卡耐基对自己的理论充满了信心。

与此同时，对于卡耐基来说，贝克尔简直就像是位明星学生。因为

他从卡耐基课程毕业后,其事业蒸蒸日上。贝克尔用他的实际行动来证明卡耐基理论的高明。

为了表示对卡耐基课程的支持,他特别希望能帮助那些处于贫困或者事业无法拓展的人们。因此,他也成了卡耐基家中的常客,因为他永远记着卡耐基对他的帮助。

贝克尔后来也写过一本书,名叫《我如何在行销中反败为胜》,便是叙述自己是如何将卡耐基课程的内容运用到自己的行销业务上去,并加以革新而取得胜利的。这本书是对卡耐基人际技术的一项最好证明。通过这位全美最佳行销人员的大力推荐,确实有助于卡耐基的教学发展,而且从贝克尔的见地中,卡耐基也学到了很多新的知识。

卡耐基与罗威尔·汤姆斯的友谊出现在两个人事业的低谷阶段,因此可以说是患难之交。而后来汤姆斯也靠自己的盛名为卡耐基销售他的书籍。一战时期,卡耐基服了18个月的兵役,在他回来后,报名参加他的培训班的人数已经很少,大家都忙着寻找工作,领取救济金。尽管战后的情形并不令人满意,但卡耐基心中的那个事业依然存在着。

有一天,卡耐基接到了罗威尔·汤姆斯从伦敦发来的电报,说想和卡耐基再次合作,许多内容暂时保密。

1919年,汤姆斯返回纽约市时,带回了许多战时在中东旅游和历险的照片,这时,一个大胆的计划在汤姆斯的心头形成了。他希望卡耐基能帮他准备一些相关的文稿,他雄心勃勃地想以一种兴奋、乐观、激动的第一手资料表达方式,发表题为"与爱拜斯在巴勒斯坦及阿拉伯的劳伦斯"的演说,这一构想成功的希望相当大。汤姆斯打算利用骆驼队、印第安人、开罗人骑兵及伯特印人的非正规军等栩栩如生的照片来开展演说。不过,尽管他拥有丰富的资料,却仍需要一名能为他整理资料的助手。在他脑海中涌现出的第一个人便是戴尔·卡耐基,这个曾经帮他获得巨大成功的真正朋友。

第三章 卸去伪装，实现感情中的真正融合

接到电报后，卡耐基略做准备，便匆匆地收拾行装奔赴伦敦。终于，功夫不负有心人，首场演出获得了轰动性的成功，伦敦的新闻界整天都对此进行报道。演出任务完成后，卡耐基满怀喜悦地返回纽约。

可不久，汤姆斯又电传卡耐基，让他马上回英国，并请他为爱伦拜——劳伦斯组织两个巡回演出公司。此时，罗威尔·汤姆斯表演公司正应邀在全美、全英及加拿大巡回演出，盛况空前。

尽管在以后的事业上两人都遭到过挫折，但两人间的友谊并没有因此而削减，数年后，汤姆斯再度邀请卡耐基撰写影片中罗斯·华盛顿的台词。汤姆斯为《影响力的本质》第一版撰写绪论，他的签名常在戴尔·卡耐基的广告上出现。而且，卡耐基还经常去汤姆斯家做客，汤姆斯的孩子还记得有一位友善、愉悦、一头灰发和戴着淡色镜框眼镜的慈祥长者，常来他家与他父亲亲切交谈。他就是戴尔·卡耐基。

卡耐基对友谊的感受是非常深刻的，而他对增进友谊也是全身心地投入的。如果一个人孤独地在社会上生活，身边没有一个能够信赖的朋友，他的事业是肯定不会成功的。卡耐基事业的成功固然与他自己的艰苦奋斗分不开，但是如果没有这些挚友的支持和帮助，卡耐基的成功就不会如此辉煌。

保持自尊，交往才能见真心

一个人要想让别人相信自己，首先要有自尊心。没有自尊心的好朋友决不是可以托付重任的好朋友。没有自尊心的人，不会把自己的人格看得很宝贵。当然，对朋友的托付，他们也会接受，但他们其实很难真正担当起责任。因为他不会把出卖朋友的耻辱看得太重。任何一个没有

自尊的人，都没资格要求别人信任他。

一位纽约商人在大街上看到一个衣衫褴褛的铅笔推销员，顿生怜悯之情。于是，他把1元钱丢进了卖铅笔人的怀中，就走开了。但走出几步远后，他感觉这种做法不妥，便连忙返回，从卖铅笔人那里取回几支铅笔，并抱歉地说自己忘了取了，请原谅他的疏忽。最后他说："你和我一样都是商人，你有东西要卖，而且上面有标价。"过了一段时间，在一个社交场合，一位穿着整齐的推销员迎上这位商人，并自我介绍说："先生，你可能已忘记了我，但我永远忘不了你，你就是那个重新给了我自尊的人。以前，我一直认为自己是一个推销铅笔的乞丐，直到你那天告诉我我也是一个商人为止。"

有一位名叫罗斯恰尔斯的犹太人，在耶路撒冷开了一家名为"芬克斯"的酒吧。酒吧的面积不大，只有30平方米，但它却声名远扬。

有一天，他接到一个电话，那人用十分委婉的口气和他商量说："我有10个随从，他们将和我一起前往你的酒吧。为了方便，你能谢绝其他顾客吗？"

罗斯恰尔斯毫不犹豫地说："我欢迎你们来，但要谢绝其他顾客，这不可能。"

打电话的不是别人，正是美国国务卿基辛格博士。他是在访问中东的议程即将结束时，在别人的推荐下，才打算到"芬克斯"酒吧去的。

基辛格最后坦言告诉他："我是出访中东的美国国务卿，我希望你能考虑一下我的要求。"罗斯恰尔斯礼貌地对他说："先生，您愿意光临本店我深感荣幸，但是，因您的缘故而将其他人拒之门外，我无论如何也办不到。"

基辛格博士听后，摔掉了手中的电话。

第二天傍晚，罗斯恰尔斯又接到了基辛格的电话。首先他对昨天的失礼表示歉意，说明天只打算带3个人来，只订一桌，并且不必谢绝其

第三章 卸去伪装，实现感情中的真正融合

他客人。

罗斯恰尔斯说："非常感谢您，但是我还是无法满足您的要求。"

基辛格很意外，问："为什么？"

罗斯恰尔斯说："对不起，先生，明天是星期六，本店休息。"

基辛格说："可是，后天我就要回美国了，您能否破例一次呢？"

罗斯恰尔斯很诚恳地说："不行，我是犹太人，您该知道，礼拜六是个神圣的日子，如果经营，那是对神的玷污。"

基辛格无言以对，他只好无奈地离开了耶路撒冷，至今也没能在中东享受这家小酒吧的服务。

这个故事，可能很多人不信，但事实的确是这样。这家小酒吧连续多年被美国《新闻周刊》列入世界最佳酒吧前15名。一个只有30平方米的小酒吧，竟能享受如此之高的美誉，的确令人惊讶。但当你读过并相信了这个故事之后，恐怕对其中原因就不言自明了。在罗斯恰尔斯的身上体现了一种十分珍贵的品质，那就是：拒绝的勇气。在需要拒绝的时候，他敢于拒绝任何人，包括基辛格那样的高官和权贵。

拒绝是一门最棘手的艺术，它经常被认为是一种不善的行为，其实，拒绝有时候恰恰是一种美德。只有那些能够在适当的时候拒绝一些东西的人，才是我们应该交往的朋友。相反，那些唯唯诺诺，凡事都毫无原则妥协的人，我们就要考虑他的人品是否有问题了。

许多求职的人在参加面试的时候，所犯的最大错误就是不保持本色。他们不以真面目示人，不能完全地坦诚，而给招聘者一些他以为"正确"的回答。可是这个做法一点用也没有。因为没有人愿意要伪君子，正如从来没有人愿意收假钞票一样。真诚何止适用于找工作面试，做人处世、安身立命不也是一样的道理吗？

真诚宽容，这个世界会更美

在现代社会，人与人之间的合作是必不可少的，而要与人实现友好合作，你就必须以一片赤诚之心待人，宽宏大量，与人为善，包容和吸纳对方的意见，你才能走向成功。孔子说："二人同心，其利断金。"意思很简单，只要大家齐心协力，就会像一把锋利的好刀，削铁如泥。一切事业都必须精诚合作才有希望成功。

一个人想知道天堂与地狱的差别，上帝对他说："来吧！我让你看看什么是地狱。"

他们走进一个房间，一群人围着一大锅肉汤，但每个人看上去一脸饿相，瘦骨伶仃。他们每个人都有一只可以够到锅里的汤勺，但汤勺的柄比他们的手臂还长，他们自己没法把汤送进嘴里。有肉汤喝不到，他们只能无可奈何地饿肚子。

"来吧！我再让你看看天堂。"上帝把这个人领到另一个房间。这里的一切和刚才那个房间没什么不同，一锅汤、一群人、一样的长柄汤勺，但大家都身强体壮，正在快乐地歌唱着幸福。

"为什么？"这个人不解地问，"为什么地狱的人喝不到肉汤，而天堂的人却能喝到？"

上帝微笑着说："很简单，在这儿，他们都会喂别人。"

故事并不复杂，但却蕴涵着深刻的社会哲理和强烈的警示意义。同样的条件，同样的设备，为什么一些人把它变成了天堂而另一些人却经营成了地狱？关键就在于你是选择共享还是独霸利益。

现代社会，人与人之间的交往日益频繁，既存在着激烈的竞争，又

第三章 卸去伪装,实现感情中的真正融合

有着广泛的联系与合作。一个缺乏合作精神的人,不仅事业上难有建树,很难适应时代发展的需要,也难在激烈的竞争中立于不败之地。

优秀的人才有机地结合在一起,就会相映生辉,相得益彰。如今许多企业实行强强联合,就是希望通过合作产生巨大的能量,达成双赢的效果。

一个以敌视的眼光看世界的人,对周围人戒备森严,心胸狭窄,处处提防,他不可能有真正的伙伴和朋友,只会使自己陷入孤独和无助中;而宽宏大量、与人为善、宽容待人、能主动为他人着想、肯关心和帮助别人的人,则讨人喜欢,易于被人接纳,受人尊重,具有魅力,因而能更多地体验成功的喜悦。

在18世纪,法国科学家普鲁斯特和贝索勒是一对死敌。他们围绕定比定律争论了有9年之久,他们都坚持自己的观点,互不相让。最后的结果是普鲁斯特获得了胜利,成了定比这一科学定律的发明者。但是,普鲁斯特并未因此而得意忘形,独占天功。他真诚地对与他激烈争论的对手贝索勒说:"要不是你一次次的责难,我是很难进一步将定比定律研究下去的。"同时,普鲁斯特特别向众人宣告,定比定律的发现,有一半功劳是属于贝索勒的。

普鲁斯特认为,贝索勒的责难和激烈的批评,对他的研究是一种难得的激励,是贝索勒在帮助他完善自己。这与自然界中"只是因为有了狼,鹿才奔跑得更快"的道理是一样的。

普鲁斯特的宽容是博大而明智的,他允许别人的反对,不计较他人的态度,充分看到他人的长处,善于从他人身上吸取营养,肯定和承认他人对自己的帮助。正是由于他善于包容和吸纳他人的意见,才使自己走向成功。

著名天文学家第谷和开普勒之间的友谊就是一曲优美的宽容之歌。

开普勒是16世纪的德国天文学家,在年轻尚未出名时,他曾写过一本关于天体的小册子，深得当时著名的天文学家第谷的赏识。当时第谷正在布拉格进行天文学的研究，第谷诚挚地邀请素不相识的开普勒和他合作一起进行研究。

开普勒兴奋不已，连忙携妻带女赶往布拉格。不料在途中，贫寒的开普勒病倒了。第谷得知后，赶忙寄钱救急，使得开普勒渡过了难关。后来由于妻子的缘故，开普勒和第谷产生了误会，又由于没有马上得到国王的接见，开普勒无端猜测是第谷在使坏，于是写了一封信给第谷，把第谷谩骂了一番后，不辞而别。

第谷是个脾气极坏的人，但是受此侮辱，第谷却显得出奇的平静。他太喜欢这个年轻人了，认定他在天文学研究方面的发展将是前途无量的。他立即嘱咐秘书赶紧给开普勒写信说明原委，并且代表国王诚恳地邀请他再度回到布拉格。

开普勒被第谷的博大胸怀所感染，重新与第谷合作，他们俩合作不久，第谷便重病不起。临终前，第谷将自己所有的资料和底稿都交给了开普勒，这种充分的信任使得开普勒倍受感动。开普勒后来根据这些资料整理出著名的《路德福天文表》，以告慰第谷的在天之灵。

浩瀚如海洋般的宽容情怀，使第谷为科学史留下了一页光辉的人性佳话。这种宽容像雨后的万里晴空，清新辽阔，一尘不染；这种宽容像是舔犊情深，给予下一辈温暖的关爱和呵护；像是辽阔的大地，让所有为大地增添靓丽生命的物质，都有自己的一片发展天地；亦像是一条乡间的小河，让水草悠悠地生长，让小鱼快乐地游来游去。

正确地评价自己，清醒地看到自己的不足与短处，才能产生与人合作、共同发展的强烈愿望，充分发挥自己的潜能。如果用自己的长处比别人的短处，看不见自己的短处和别人的长处，就很难与人精诚合作。

在合作过程中，合作伙伴相互之间难免会有意见相左、磕磕碰碰的时候，也难免有差错、有失误，能不能相互宽容谅解，营造一个和谐宽松的合作氛围，往往直接影响事业的成败。

合作就要互相补台，尤其当合作伙伴的失误给共同的事业造成困难或损失的时候，应该给予充分的理解与热情的鼓励，开诚布公地指出失误，实事求是地分析原因，心平气和地探讨对策，以帮助合作伙伴尽快走出失误的阴影，振奋精神。这样才能尽快克服困难，尽量减少损失。

有的人遇到困难或不顺就一味地埋怨指责合作伙伴，或者有了成绩则贪天之功，结果是挫伤了别人的积极性，引起别人的反感，妨碍今后的合作，显然不是明智之举。

哲学家威廉·詹姆士曾经说过："如果你能够使别人乐意和你合作，不论做任何事情，你都可以无往不胜。"合作是一种能力，更是一种艺术。唯有以赤诚之心待人，善于与人合作，才能获得更大的力量，争取更大的成功。

以赤诚之心待人，你会赢得更多朋友，多一个朋友，就多了一条路，使我们的人生更加美好。

放下身份，路会越走越宽

人都是有自尊的，所以目中无人的人会被人讨厌。然而自尊太过则为自傲。有些人之所以让人觉得盛气凌人，正是因为自矜身份、自尊太盛的缘故。过分强调身份，就是不断拉大人与人之间的鸿沟，有时简直成为了对别人的侮辱。放下身份，坦诚待人，才能与人平等交流，才会与他人心心相通。

有一个大学生，在校时成绩很好，大家对他的期望值也很高，认为他必将有一番了不起的成就。最后他真的有了成就，但不是在政府机关或大公司里有成就,他是卖蚵仔面线卖出了成就。

原来他在大学毕业后不久,得知家乡附近的夜市有一个摊子要转让,他那时还没找到工作,就向家人借钱,把它租了下来。因为他对烹饪很有兴趣,便自己当老板,卖起蚵仔面线来。他的大学生身份曾招致很多人不以为然的眼光,但却也为他招徕了不少生意。他自己倒从未对自己学非所用及高学低用怀疑过。要放下身份!这是他的口头禅和座右铭。他说,放下身份,路才能越走越宽。

有的人家世不错就觉得自己的身份很高;有学问的人觉得自己不同凡响;有钱财的人觉得自己不同旁人;有名位、有才华的人,认为自己比较有尊严,并借此抬高自己的身份,而事实上,如果依赖这些作为身份,是非常不合时宜的。

人的身份是一种"自我认同",这本来并不是什么不好的事,但这种"自我认同"也是一种"自我限制",也就是说,怀有这种认同感的人常常会想:因为我是这种人,所以我不能去做那种事。而自我认同越强的人,自我限制也越厉害,所以,博士不愿意当基层业务员,高级主管不愿意主动去找下级职员沟通,知识分子不愿意去做没有文化的工作……他们认为,如果那样做,就会有损于自己的身份。

其实,这种所谓的身份只会让人的路越走越窄,你如果想在社会上走出一条路来,那么就要放下身份,也就是:放下你的学历、放下你的家庭背景、放下你的身份,让自己回归到普通人中去。同时,也不要在乎别人的眼光和批评,做你认为值得做的事,走你认为值得走的路。

放下身份的人比放不下身份的人在竞争上多了优势。

如果你想把事情做成,就要以一种低姿态出现在对方面前,表现得谦虚、平和、朴实、憨厚,甚至愚笨、毕恭毕敬,使对方感到自己受人尊重,比别人聪明。这样,在与你交往中他人就会放松自己的警惕性,觉得自己用不着花费太多精力去对付一个"傻瓜"。即使事情明显有利

第三章 卸去伪装，实现感情中的真正融合

于你的时候，对方也会不自觉地以一种高姿态来对待你，好像要让着你一样，也就不会与你一争长短了。

其实，你以低姿态出现只是一种表面现象，是为了让对方从心理上感到一种满足，使他愿意合作。实际上，表面上越是谦虚的人，就越是非常聪明的人，越是工作认真的人。当你表现出大智若愚来，使对方陶醉在自我感觉良好的气氛时，你就已经受益匪浅，已经完成了工作中很重要的一部分了。

你谦虚就显得他高大；你朴实和气，他就愿意与你相处；你恭敬顺从，他的指挥欲得到满足，认为与你很合得来；你愚笨，他就愿意帮助你，这种心理状态对你非常有利。相反地，你若以高姿态出现，处处高于对方，咄咄逼人，对方内心里就会感到紧张，而且容易产生逆反心理。

能放下自己高贵的身份架子的人，他的思考富有高度的弹性，不会有刻板的观念，而能吸收各种新鲜的事物，丰富自己的头脑和智慧，这将是他最重要的本钱。放下架子能比别人早一步抓到好机会，而且抓住的机会也会更多，因为他没有身份的顾虑。

身份能给我们的，不过是一种高人一等的自我感觉。这种虚荣是追求个人荣耀的一种欲望，它并不是根据人的品质、业绩和成就，而只是根据个人的存在就想博得别人的欣赏、尊敬和仰慕的一种愿望。所以身份是只纸老虎，但这只纸老虎可能吓走真朋友。

虚言无用，凭实际行动打动人

生活中，那些有实才、做实事的人，他们更看中的是自己的行为是不是有实效，而不是有多少虚言。因为虚言无实效，言传则流于炫耀，浮浅而表面。而且，不合时机、不合对象的言语，不仅不能够传授道理，反而会招来诽谤。所以，智者不言，而以实际行动证明自己。《史记》有言："桃李不言，下自成蹊。"说的正是这个道理。而无知者无畏，他们只会夸夸其谈卖弄口舌之利，哗众取宠，眩人眼目。这就好像一瓶水，如果装满了，怎么晃都没有声音，可如果只有半瓶，摇晃起来就会哐哐直响。

一位铁匠做了一批质量良好的菜刀，他去集市上叫卖了一天，可是人们谁也不愿意花高价去买。后来铁匠想了个办法，他把摊子摆在集市热闹处，有人问价他也不说话，等到围观的群众多了，他将几根铁丝置于案板上，举起菜刀，一刀砍下，铁丝被齐刷刷砍断。铁匠继而向路人展示菜刀，刀口丝毫无损。人们看到菜刀的质量确实不错，纷纷抢购。不一会儿，刀就卖完了。

菜刀质量好坏，光看是看不出来的，光听铁匠说也不能让人相信。铁匠的对策，就是用事实说话，用事实证明锋刃。人心的真假，比菜刀更难分辨，有社会经验的人，都不会轻易信任人，不管对方的话说得多么动听。所以，与其多言招人轻贱，不如默而不言，用行动证明自己。

不言，有两个原因。一是言多必失，会让人觉得轻浮浅薄。我们不能了解对方说的话是不是出于真心，通常的判断方法是察其言、观其行。而言多必失，大话、好话说多了，难免会让人对其产生不切实际的期望，一旦不能满足，轻则怀疑其人品，重则怨恨其终生。所以，多说一句话，不如多做一件事。

诸葛亮挥泪斩马谡的故事是每一个中国人都耳熟能详的。三国时蜀国大将马谡，少时素有才名，和兄长们并称为"马氏五常"，得到诸葛亮赏识。但刘备却非常不喜欢夸夸其谈的马谡，临终前叮嘱诸葛亮："马谡言过其实，不可大用，君其察之。"但诸葛亮并未听取。北伐时期，诸葛亮力排众议，任命马谡去防守街亭。结果马谡刚愎自用，不听

第三章 卸去伪装，实现感情中的真正融合

诸葛亮的安排，拒绝采纳副将王平的建议，导致蜀军在街亭惨败，诸葛亮退军汉中，北伐失败。

马谡的夸夸其谈也给自己带来了灾祸，他因违反军法被诸葛亮处斩。由此可见，中国传统文化里，对于夸夸其谈的人，始终保持警惕。考虑到这种情况，少说多做才是向人证明自己的好办法。有的人喜欢用吹牛来证明自己就是一个可以做大事的料。可是，能做大事就值得吹嘘吗？细究那些古往今来的成大事者，他们的成就有几个是靠吹牛吹出来的？再细究一下，你可能还会发现他们根本就没有吹嘘过自己。他们的成绩完全是脚踏实地干出来的，而且你要干出一番事业就不能只凭嘴上的功夫去实现。

与马谡相反，东汉名将冯异就是个干活在前、表功在后的典型。当年跟随刘秀的开国名将有28位，号称"云台二十八将"。征战间隙，诸将常常聚在一起聊天，话题无非是自述战功，胡吹乱侃。每当众将争功论能之时，冯异总是一个人默默地躲到大树下面。于是，士兵们便给他起了个"大树将军"的雅号。冯异因此而得到全军上下的尊敬，军中很多下级军官都愿意去"大树将军"手下效劳。500年后，著名文学家庾信还叹息道："将军一去，大树飘零。"不言不争，才能得到人们的信任，才能得到真心爱戴。

权力官位、金钱利益历来都是人心的试金石。有的人在当普通一兵时自觉人微言轻，尚与伙伴们亲同手足，同喜共忧。一旦他的地位上升了，便官升脾气长，交朋会友的观念也就变了。对过去那些"穷朋友"、"俗朋友"便羞于与他们为伍，保持一定距离。比如，有两位战友在战争年代同甘共苦，建国后一位因犯一般错误离开了部队，后来他的这段历史被当成严重问题追究。为了说清问题，他去找当年的战友为自己作证，可是这位当了领导的战友却怕连累自己，拒而不见，说不认识他。这位老兵伤心地掉下了眼泪。很显然，这位领导在关键时刻太不

够朋友了,这种做法和落井下石有什么区别呢?

在利益面前,各种人的灵魂也会赤裸裸地暴露出来。有的人在对自己有利或利益无损时,可以称兄道弟,显得亲密无间。可是一旦有损于他的利益时,他就像变了个人似的,见利忘义,唯利是图,什么友谊,什么感情统统抛到脑后。比如,在一起工作的同事,平日里大家说笑逗闹,关系融洽。可是到了晋级时,名额有限,"僧多粥少",有的人的真面目就露出来了。他们再不认什么同事、朋友,在会上直言摆自己之长,揭别人之短,在背后造谣中伤,四处活动,千方百计把别人拉下去,自己挤上来。这种人的内心世界,在利益面前暴露无遗。事过之后,谁还敢和他们交心认友呢?

与人恩惠,要少宣扬。人都是有自尊心的,互相帮助也应该是建立在平等的人格基础上的。如果把帮助别人当成一种施舍,那么对求助者和施助者都是一种贬低:求助者成了无法自立的低能者,施助者的高尚行为也完全成了满足自己优越感的自私行为。如果大肆宣扬,更是把求助者贬低成了乞丐,把帮助别人变成了炫耀的行为。这种宣扬,于人于己都是可耻的,也是不明智的。

珍惜别人的信任

生活中,我们常常见到这样一些"聪明人",他们很善于利用别人的信任,两面三刀,多方糊弄,自己从中捞好处。这些貌似精明的人,其实是目光短浅,这样做只会搞得自己声名狼藉,无人愿意合作。相反,那些貌似缺心眼,能让别人真心信任的老实人,未来才能有更大的发展。

第三章 卸去伪装，实现感情中的真正融合

2002年李嘉诚旗下的长虹生物科技公司要上市融资，当时长科公司全年的营业收入才几十万港元，根本就不盈利，但是股票发行时还是获得了好几倍的认购。为什么？因为香港人相信李嘉诚的信誉，相信跟着李嘉诚投资不会吃亏，"李嘉诚"3个字就是金字招牌。

有一年，李嘉诚决定在伦敦以私人方式出售他持有的香港电灯集团公司股份的10%。计划过程中，港灯即将宣布获得丰厚利润的消息，李嘉诚的某得力助手马上建议他暂缓出售，以便卖个好价钱，但是，李嘉诚却坚持按原计划出售。李嘉诚说，还是留些好处给买家好，将来再配售会顺利点，赚钱并不难，难的是保持良好的信誉。某报刊对此发表评论，非常精辟地说："有三样东西对长江实业至关重要，它们是名声、名声、名声。"

中国人说"留得青山在，不怕没柴烧"，人生旅途中，诚信就是青山，只要诚信在，不怕没出路。而运用诡诈之术欺骗他人，只是小聪明，也只会获得一时的蝇头小利，埋下的却是灭亡的种子。在战争中，"兵不厌诈"，真真假假，虚虚实实，让敌人捉摸不透，对战争胜利有很大作用。但如果将这种伎俩运用于伙伴朋友之间，虽然能得一时之利，却永远失去了朋友的信任，得小失大，决不是明智的选择。

在英国的曼彻斯特城，英格兰超级足球联赛第18轮的一场比赛在埃弗顿队与西汉姆联队之间进行。比赛只剩下最后1分钟时，场上的比分仍然是1∶1。

这时，埃弗顿队的守门员杰拉德在扑球时膝盖扭伤，巨痛使得他将四肢抱成一团在地上滚动，而足球恰好被传给了潜伏在禁区的西汉姆联队球员迪卡尼奥。

球场上原来的一片沸腾顿时肃静下来，所有的人都在等待。迪卡尼奥离球门只有12米左右，无需任何技术，只要一点点力量，就可以把球从容踢进对方球门。那样，西汉姆联队就将以2∶1获胜，在积分榜

· 65 ·

上，他们因此可以增加两分。

埃弗顿队之前已经连败两轮，这个球一进，他们就将遭受苦涩的"三连败"。

在几万名现场球迷的注视下，如果算上电视机前的观众，应该是数百万人的注视下，西汉姆联队的迪卡尼奥没有用脚踢球，而是将球抱在了怀中。

顿时，全场响起如潮水般的掌声，亿万名观众把赞美之情献给了放弃射门的迪卡尼奥，或者说，是献给迪卡尼奥体现出来的崇高的体育精神——和平、友谊、健康、正义！

人与人之间的信任，是无上的财富。信任，有时只需要一瞬间的心有灵犀就能建立起来，有时却需要多年的积累，有些人甚至一生都没有完全相信过任何人。如果为了眼前一点小利，辜负了值得你信任而又信任你的人，那永远不能获得人间的温情，也不会有真正的发展。你的一生也许将会因此而黯淡无光。

坦诚认错，挽回形象

现实生活中，任何人都可能会犯下各种各样的错误。有些人想逃避失败的责任，会拼命寻找借口、掩盖错误，甚至否认错误，这不但使他失去了一个进步的机会，还给人留下骄傲、固执，甚至是虚伪的坏印象。知错认错，勇于改错，才是犯错后正确的做法。

美国前国防部长麦克纳马拉被称为"越战的总设计师"，在冷战时期名噪一时，但其在越战期间的表现也最具争议。1961~1963年肯尼迪遇刺身亡时，美国驻越军人从几百人增至1万多人。1964年，麦克

第三章 卸去伪装，实现感情中的真正融合

纳马拉更是以越南军队舰艇在东京湾向美舰开火为由，推动美国国会通过了《东京湾议案》，授权林登·约翰逊总统全面升级越战。到1968年麦克纳马拉离开国防部长职位时，美国向越南派兵总计超过50万人。

他主导发动的越南战争，却是美国历史上最蚀本、效率最低的战争——越战以美军阵亡5.8万多人，1975年黯然撤离越南而告终，成为美国历史上"最失败的冒险"和"唯一输掉的战争"。刻薄的媒体和研究人员甚至以"麦克纳马拉的战争"来代指越战。

对此，麦克纳马拉一直保持着沉默。直到上世纪90年代，他才公开反思越战的心得。其中最为著名的，无疑是《回顾：越战的悲剧与教训》一书，在这本当时为全美第一畅销书中，麦克纳马拉给出了11条反思与"忏悔"。而1994年在接受媒体采访时，已经78岁高龄的麦克纳马拉终于道出了积郁心中许久的心声："我们错了。我们错得很厉害。"

对于麦克纳马拉的反思，和他同在肯尼迪和约翰逊政府共事过的一位同僚有过如此评价："大部分总统、军事指挥官和内阁成员永远都不会承认错误。至少他有勇气面对事实，承认他的错误并且说明他为什么错了。我们都可以从中学到很多宝贵的东西。"

孔子有言："人非圣贤，孰能无过？"一个人做事不可能一辈子一帆风顺，就算没有大失败，也会有小失败。而每个人面对失败的态度也都不一样，有些人不把失败当一回事，他们认为"胜败乃兵家之常事"；也有人拼命为自己的失败找借口，告诉自己，也告诉别人：他的失败是因为别人扯了后腿、家人不帮忙，或是身体不好、经济不景气等。总之，他们可以找出一大堆的借口。

实际上，一个人犯了错误并不可怕，怕的是不承认错误，不弥补过失。

有一个毕业于名牌大学的工程师，有学识，有经验，但犯错后总是

自我辩解。工程师应聘到一家工厂时，厂长对他很信赖，事事让他放手去干。结果，却发生了多次失败，而每次失败都是工程师的错，可工程师都有一条或数条理由为自己辩解，说得头头是道。因为厂长并不懂技术，常被工程师驳得无言以对，理屈词穷。厂长看到工程师不肯承认自己的错误，反而推脱责任，心里很是恼火，只好让工程师卷铺盖走人。

　　一个人做错了一件事，最好的办法就是老老实实认错，而不是去为自己辩护和开脱。日本最著名的首相伊藤博文的人生座右铭就是"永不向人讲'因为'"。这是一种做人的美德，也是一门为人处世、办事做事的最高深的学问。

　　像上述故事中工程师那样的人，正是认为犯了错误有失自尊，面子上过不去而害怕承担，但最终却受到惩罚。日本著名企业家松下幸之助说："偶尔犯了错误无可厚非，但从处理错误的态度上，我们可以看清楚一个人。"那些能够正确认识自己的错误，并及时改正错误以补救的人才能受到他人的尊敬。勇于承认错误，你给人的印象不但不会受到损失，反而会使人信任你，你给周围人的形象反而会高大起来。

　　其实，犯错误并不可怕，关键是我们能否有勇气去承担责任。在第二次世界大战问题上，百般抵赖的日本政府使自己的形象愈发渺小，而为死难者下跪的德国总理却使德国人重新站了起来。抵赖或者坦认，谁更高明，不言而喻。

第四章

剖析自我,赶走内心深处的杂念

杂念扰人心,心有杂念则不得安宁
世间万事任自然,自然万事无烦恼
天下无不可容之事
泰然面对尘世中的苦与乐
得失荣辱,一笑置之
放下包袱,心灵才能轻松
摆脱心灵伤痕的困扰

杂念扰人心，心有杂念则不得安宁

生活中，我们总有时候心里静不下来，看什么都不顺眼，做什么都不能专注。事后回想，这正是因为我们心里有杂念。俗话说：一心不可二用，可是我们心中的杂念又何止两个、三个呢？有杂念的心，好似乱风中的悬旌，飘摇不定。这时候，就要我们静下心来，好好沉思：到底是什么在干扰内心？

澄净的湖水才能映出山的影子，宁静的心灵才能发现问题所在。若湖面波浪起伏，映在湖面上的山影也会破碎不可见。佛教有"安禅制毒龙"的说法，说的是人的欲念仿佛是一条毒龙，若任其肆虐，不但害人，终将害己。唯有静心自省，安详淡定，才能制服欲念之龙。

现代社会，我们时时刻刻都面临着很多诱惑，同时也经历着很多麻烦：学习的时候，有玩乐的诱惑，也有知识难点的困扰；工作时，有偷懒的诱惑，也有工作困难的挫折……凡是当我们经不住诱惑、挨不住困难时，杂念就产生了。人心生了杂念，就像机器生了铁锈，很难再正常运转。

一棵大树，如果枝杈太多，旁逸斜出，一有大风雨，主干就有折断的危险，老农种棉，必须要把棉花树上多余的枝杈掰掉，才能避免棉花疯长，秀而不实。树木如此，人也是一样。凡是心无杂念的人，往往能无视外界干扰，用心专注、持久如一，终有所成；而三心二意、心思繁杂的人，很难指望他有什么大成就。

当一个人做一件事情，他的全部思考、全部感情、全部行动都倾注在这件事情上的时候，我们才能说他达到了专心致志的境界。这时候往

第四章 剖析自我,赶走内心深处的杂念

往是他效率最高、表现最好的时候,任何困难都变得容易了。这就相当于把千斤的力量集中在针尖那么大的点上,自然无坚不摧。如果心有杂念,心思受干扰,心力就会分散,以千斤之力灌注在百米操场上,自然渺无影响。

中国古代有这样一则寓言:弈秋是全国最厉害的围棋高手,他为了使自己的棋艺不失传,于是收了两个弟子,教他们下棋。其中一人,专心一念,心思时刻不离棋盘,把弈秋的话都记下来了;另一人虽然看上去也在听师父讲,眼睛注视着棋盘,可是心里老想着天上有大雁飞过,自己好拿弓箭射下来吃。结果,两人同样的聪慧,老师同样的教导,两人棋艺的高低差别却不啻霄壤。原因何在?一人专心,另一人心中始终有杂念相扰。

有人说:"我知道专心的好处,自己也努力排除杂念,可是总有一些事情来干扰我,这是因为受到了客观条件的限制,我不能做到内心安宁。"这样说的人,应该看看佛教禅宗六祖慧能的回答。一次,六祖慧能来到南海法性寺,正好遇到印宗法师讲《涅槃经》。忽然,一阵风吹来,长幡飘动。有两位僧人辩论风和幡,一个说是风动,一个说是幡动,两人争执不已。六祖慧能说:"不是风动,也不是幡动,而是你们的心动。"说这些话的人,是不是也要看看,所谓"总有些事情来干扰我",是否只是自己的托词,而真正的原因,还是自己太过于执著于外界的现象,忽略了内心的想法呢?

我们不是禅僧,也许并不需要做到心似古井一般安静。但是,物欲横流的现代社会,既带给了我们种种方便和快乐,也带给了我们难以抗拒的诱惑和无法排解的压力。这个时候,静一静心,赶走内心的杂念,还自己一个安宁明净的心态,或许是一个不错的选择。

· 71 ·

世间万事任自然，自然万事无烦恼

有的人因为对"有"的认识不足，总是在有所得的心态下生活，对于人生的一切似乎都能令我们生起执著。比如在日常生活中，我们会执著地位、执著财富、执著事业、执著信仰、执著情感、执著家庭、执著生存的环境、执著拥有的知识、执著人际关系、执著自身的见解、执著技能所长等。由于执著的关系，我们对人生的一切都产生了强烈的占有、恋恋不舍的心态，执著给我们的人生带来了种种烦恼。

在唐朝有位叫懒残的禅者，由于他修行上的造诣远近闻名。有一天，皇上派了使者来请他，此时禅师正在山洞中烤芋头吃，使者宣读了皇上的圣旨，禅师睬也不睬。时值冬天，天气很冷，禅师冻得流着鼻涕，使者见状，劝禅师擦去鼻涕，禅师说：我没有工夫给俗人揩鼻涕。禅师有首写照自己生活的诗，可见他的潇洒自在。

世事悠悠，不如山丘
青松蔽日，碧涧长流
山云当幕，夜月为钩
卧藤萝下，块石枕头
不朝天子，岂羡王侯
生死无虑，更复何忧
水月无形，我常只宁
万法皆尔，本自无生
兀然无事坐，春来草自青。

禅者隐居山林之中，面对青山绿水，一瓶一钵，了无牵挂，对于他

第四章 剖析自我，赶走内心深处的杂念

们来说，生死都已不成问题了，还有什么可以值得他们操心呢？

佛陀时代，有一位跋提王子在山林里参佛打坐，不知不觉中他喊出了："快乐啊！快乐啊！"佛陀听到了就问他："什么事让你这么快乐呢？"跋提王子说："想我当时在王宫中，日夜为行政事务操劳，处理复杂的人际关系，时常又要担心自身的性命安全，虽住在高墙深院的王宫里，穿的是绫罗锦缎，吃的是山珍海味，多少卫兵日夜保护着我，但我总是感到恐惧不安，吃不香，睡不好，现在出家参佛了，心情没有任何的负担，每天都在法喜中度过，无论走到哪里都觉得自在。"

"无挂碍故，无有恐怖"：有情因为有执著、有牵挂，对拥有的一切都足以产生恐怖，比如一个人拥有了财富，他会害怕财富的失去，想法子如何保存它；拥有地位，害怕别人窥视他的权位；拥有色身，害怕死亡的到来；穿上一件漂亮的衣服，怕弄脏了；谈恋爱，害怕失恋；拥有娇妻，害怕被别人拐去或跟谁跑了；黑夜走路，害怕别人暗算；在大众场合说话，害怕说错了丢面子。总之，对拥有的执著牵挂，使得我们终日生活在恐怖之中。觉悟者看破了世间的是非、得失、荣辱，无牵无挂，自然不会有任何恐怖。就像死亡这样大的事，在世人看来是最为可怕的，而禅者却也一样自在洒脱。

唐朝的德普禅师在他死亡之前，把所有的门徒全召齐了，问大家："我死了以后你们准备怎样对待我啊？"弟子们立刻表示："我们会以丰盛的果物来祭拜，开追悼会，写挽联。"禅师说："我死了，你们祭我、拜我，我又看不到，不如趁我现在活着，举行这些仪式，让我开心以后再死，好不好？"弟子们听了面面相觑，但又不敢违师命，于是布置灵堂，准备了珍馐美味，写祭文，举行隆重的祭拜仪式，禅师吃饱看足了，很高兴，对弟子们嘉奖一番，悠悠坐化。

对于荣辱，禅者更不会介意。

日本有位白隐禅师，德行很高。他有一个开绸布店的信徒，信徒有

个女儿,和一位青年私下相爱,还没出嫁肚子就一天天地凸出了。做父亲的很生气,逼问女儿到底是谁造的孽。女儿怕说出男朋友会被父亲打死,她想到了父亲平常最尊敬白隐禅师,于是就说是白隐禅师做的。父亲一听气得要命,就拿了木棒,不分青红皂白把禅师痛打了一顿,禅师也没有辩解。后来此女生了孩子,扔给禅师,禅师又像保姆一样,四处乞求奶汁喂养小孩,到处遭受辱骂与耻笑,禅师一点都不在意,只希望把小孩带大。

在此之前,小姐的男朋友早已吓得跑到他乡外地去了,过了好几年才回到家乡,知道了这里发生的一切,就找到了小姐,说:"我们怎么可以这样让禅师受辱呢?真是罪过。"于是向小姐的父母说明真相。全家去向禅师道歉,禅师一点也不感到委屈,只简单地说:"小孩是你们的,那你们就抱回去吧。"

种种欲望导致人生的各种祸患,因此,《心经》中告诉我们:从照见五蕴皆空认识到一切都如梦幻泡影,不住我相、人相、众生相、寿者,不住色、声、香、味、触、法相,无智无得,心无牵挂,这些欲望也就不能扰乱我们的心境,我们的人生也自由了。

天下无不可容之事

海纳百川,有容乃大。江海之所以能成为百谷之王,是因为身处低下。要想拥有百川的事业和辉煌,首先要拥有容得下百川的心胸和气量。

五代时,骁将王景有勇无谋,凭一身武艺为梁、晋、汉、周四朝效力,做到了节度使,宋初封太原郡王,死后追封岐王。他的几个儿子也和他一样，骑射之外别无所长。大儿子王迁义跟随宋太祖打天下，功不大，官不高，却自以为了不起，好夸海口，经常抬出他父亲的大名来炫耀，逢人便宣称"我是当代王景之子！"人们听着好笑，都称他为"王当代"。

从整个社会来讲，还是得有人管理、有人做官。问题是对做官者来说，要注意的是，忘记地位也就是放低自己，真正地把自己视为普通人，不要把自己放在别人之上，觉得自己高人一等。

据《战国策》记载：魏文侯太子击在路上遇到了文侯的老师田子方。击下车跪拜，子方不还礼。击大怒说："真不知道是富贵者可以对人傲慢无礼，还是贫贱者可以对人骄傲？"田子方说："当然是贫贱的人对人可以傲慢，富贵者怎敢对人骄傲无礼？国君对人傲慢会失去政权，大夫对人傲慢会失去领地，只有贫贱者计谋不被别人使用，行为又不合于当权者的意思，到哪里都是贫贱，难道他还会怕贫贱？会怕失去什么吗？"太子见了魏文侯，就把遇到田子方的事说了，魏文侯感叹道："没有田子方，我怎能听到贤人的言论？"

即使成名成家也要谦和礼让，一方面，名是相对的，知识是无止境的，满招损，谦受益；另一方面，如果你居功自傲，狂妄自大，别人也会不理你那一套。因此狷狂必忍，否则害人害己。

如何忍傲忍狂，王阳明认为：狷狂、傲慢的反面是谦逊，谦逊是对症之药，真正的谦虚不是表面的恭敬，外貌的卑逊，而是发自内心地认识到狷狂之害，发自内心地谦和。自我克制，审明进退，虚心接受别人的批评指正，虚以处己，下礼以待人。不自是，不居功，择善而从，自反自省，忍狂制傲，方可成大事。

我们需要学会宽容，"容人须学海，十分满尚纳百川"，懂得宽容待人的好处。宽容待人，就是在心理上接纳别人，尊重别人的处世原则，理解别人的处世方法。我们要接受别人的长处，同时，也要接受别人的短处、缺点与错误。只有这样，人与人之间才能真正地和平相处。

　　宽容代表着一个人的美好心性，也是最需要加强的美德之一。俗语讲，眉间放一"宽"字，自己轻松自在，别人也舒服自然。宽容是一种豁达的风范，也许只有拥有一颗宽容的心，才能面对自己的人生。

　　宽容就是在别人和自己意见不一致时也不要勉强。因为任何的想法都有其来由，任何的动机都有一定的诱因。了解了对方的想法，找到他们意见提出的基础，就能够设身处地地接受对方的意见。

　　每个人都有犯错的时候，如果执著于过去的错误，就会不信任、耿耿于怀、放不开，并且限制了自己的思维，也限制了对方的发展。即使是背叛，也并非不可容忍。能够承受背叛的人才是最坚强的人，也将以他坚强的心志在氛围中占据主动，以其威严更能够给人以信心、动力，因而更能够防止或减少背叛。

　　宽容是一种幸福。我们在宽恕别人的同时，给了别人机会，也取得了别人的信任和尊敬。所以说，宽容是一种看不见的幸福。

　　宽容更是一种财富。拥有宽容，就拥有了一颗善良而真诚的心。这是易于拥有的一笔财富，它在时间推移中升值，它会把精神转化为物质。选择了宽容，便赢得了财富。

　　因此，只有用一种比大海还要宽广的胸怀去对待人生、对待他人，生活才会变得更精彩。

泰然面对尘世中的苦与乐

　　"不以得为喜，不以失为忧"，是一种非常良好的心态。这种心态的优势是专注于自己的事情，不因一时得失而忧心忡忡或兴奋狂跳。也

第四章　剖析自我,赶走内心深处的杂念

不要大喜大悲,那样会使我们失去冷静。

遇到苦难,要以一种泰然处之的心态去面对。生活是我们的导向,它能把我们从痛苦中引领出来。在沉重的打击面前,需要有处乱不惊的乐观心态。冷静而乐观,愉快而坦然。在生活的舞台上,要学会对痛苦微笑,要坦然面对不幸。

任何事情都有它的两面性。成就能给你带来快乐,也可以给你带来烦恼。不要过分地去追求,也不要过分地重视自己的地位,你便会过得坦然而自信。

春秋时期,列子穷困潦倒。郑相子阳的宾客向子阳荐举列子,子阳就派使者送他数十车的谷子,列子再三拜谢而拒绝了。

使者走后,列子的妻子对他捶胸顿足地埋怨说:"听说有道的人的家室,生活都能安乐幸福,可现在我饿得面黄肌瘦。相国让人送给你粮食,你却不接受,这岂不是命中注定要穷困一辈子吗?"

列子却笑着对妻子解释说:"我之所以拒收相国的粮食,是因为相国并不是真正了解我,而是听信了别人的话才给我送谷子。以后,他也会因听信别人的话怪罪于我。这是我不接受的原因。况且接受别人的供养,不为别人排忧解难,是不义;为他效命,可替相国这种无道的人去牺牲,哪里算是义呢?"后来,郑国人民果然发难,杀了子阳。

在"利"与"义"之间,作出何种选择,是见利忘义,还是舍利求义,是经常用来衡量一个人品行高下的标准。列子的可贵之处,在于他清醒地看到了"无道的"子阳的本来面目,不为小利所动。一个人的坦然,是一种生存的智慧。生活的艺术,是看透了社会人生以后所获得的那份从容、自然和超然。

一个人要能自在自如地生活,心中就需要多一份坦然。笑对人生的人比起在曲折面前悲悲戚戚的人,始终坚信前景美好的人较之脸上常常阴云密布的人,更能得到成功的垂青。

马克·吐温被评论家们称羡为美国最伟大的爱开玩笑的人，他也是美国最伟大的哲学家之一。他从小就已经接触到生活的种种悲剧：他的两个哥哥和一个姐姐，在他年少时相继死去；他的4个孩子，在他还活在人世的时候，也都一个个先他而去。他饱尝了生活的苦楚艰辛，可他坚信，如果用欢笑作为止痛剂来减轻苦痛，也能够得到乐趣。我们可以适当地使自己处于超然的地位，来观赏自身痛苦的情景。

在沉重的打击面前，需要有处世不惊的乐观心态，这样就能战胜沮丧，化坎坷崎岖为康庄大道。你可能一时丢掉了原本属于你的东西，或是错过了一次机会，但是，在精神上决不能失望。冷静而达观，愉快而坦然，是成功的催化剂，是另辟蹊径、迎接胜利的法宝。

无所欲，无所求，只愿有个好的体魄，有个幸福的家庭，衣能裹体，食能饱腹足以。这是一种超境界的平常心态。

摒弃世俗的偏见，豁达、洒脱，无忧无虑地承受人生百味，争取做到富不狂、贫不悲、宠不荣、辱不惊，真正拥有一种健康、平和的心态，痛痛快快地享受人世间的阳光和温馨。

1914年12月的一天晚上，爱迪生所在的新泽西州某市的一家工厂失火，将近100万元的设备和大部分研究成果被烧得一无所有。第二天，这位67岁的发明家在他的希望和理想化为灰烬之后，来到现场。大家都用同情和怜悯的眼光看着他，而他却镇定自若地对众人说："灾难也有好处，它把我们所有的错误都烧光了，现在可以重新开始。"正是这种超凡脱俗的乐观心态，使这位大发明家在事业上步步迈向成功。

这个世界上有太多的诱惑，就有太多的欲望。一个人需要以清醒的心智和从容的步履走过岁月，他的精神中必定不能缺少淡泊。淡泊是一种境界，更是人生的一种追求。虽然，我们每个人都渴望成功，但我们更需要的是一种平平淡淡的生活，一份实实在在的成功。

得意也罢，失意也罢，要坦然地面对生活的苦与乐。假如生活给我

第四章 剖析自我,赶走内心深处的杂念

们的只是一次又一次的挫折,也没什么的,因为那只是命运剥夺了我们活得高贵的权利,却并没有夺走我们活得快乐和自由的权利。

得失荣辱,一笑置之

历来的士大夫阶层中有些精神追求的人,往往在荣辱问题上采取顺其自然的态度。或仕或隐,无所用心,如孔子所说:"天下有道则见,无道则隐。"能上能下,宠辱不计,只要顺势、顺心、顺意即可。这样既可以在条件允许的情况下为百姓做点好事,又不至于为争宠争禄而劳心劳神,去留无意,亦可全身远祸;有时在利害与人格发生矛盾时,则以保全人格为最高原则,不以物而失性、失人格。如果放弃人格而趋利避害,即使一时得意,却要长久地受良心谴责。

如何看待荣辱,什么样的人生观自然会有什么样的荣辱观,荣辱观是一个人人生观、处世态度的重要体现。公、侯、伯、子、男,有人以出身显赫作为自己的荣辱。在商品经济社会里,荣辱则以钱财多寡为标准。所谓"财大气粗"、"有钱能使鬼推磨"、"金钱是阳光,照到哪里哪里亮",以及"死生无命,荣辱在钱"、"有啥别有病,没啥别没钱"等俗话正是揭示了以钱财划分荣辱的标准。

在荣辱问题上,做到"难得糊涂"、"去留无意",这才叫潇洒自如,顺其自然。一个人,当你凭自己的努力、实干,靠自己的聪明才智获得了应得的荣誉、奖赏、爱戴、夸耀时,应该保持清醒的头脑,有自知之明,切莫受宠若惊、飘飘然,自觉霞光万道,所谓"给点光亮就觉灿烂"。无可无不可,宠辱不惊,当如古人阮籍所云"布衣可终身,宠禄岂足赖",一切都不过是过眼烟云,荣誉已成过去时,不值得夸耀,

· 79 ·

更不足以留恋。另一种人，也肯于辛勤耕耘，但却经不住玫瑰花的诱惑，有了荣誉、地位，就沾沾自喜，飘飘欲仙，甚至以此为资本，争这要那，不能自持。更有些人，"一人得道，鸡犬升天"，居官自傲，横行乡里，他活着就不让别人过得好。这些人是被名誉地位冲昏了头脑，忘乎所以了。

建文帝四年六月，朱棣攻下应天，继承帝位，改号永乐，史称成祖。论功行赏，姚广孝功推第一。故成祖即位后，姚广孝位势显赫，极受宠信。先授道衍僧录左善世。永乐二年（公元1404年）四月拜善大夫太子少师。复其姓，赐名广孝。成祖与语，称少师而不呼其名以示尊宠。然而当成祖命姚广孝蓄发还俗时，广孝却不答应；赐予府第及两位宫人时，仍拒不接受。他只居住在僧寺之中，每每冠带上朝，退朝后就穿上袈裟。人问其故，他笑而不答。他终生不娶妻室，不蓄私产。唯一致力其中的，是从事文化事业。曾监修太祖实录，还与解缙等纂修《永乐大典》。学术思想上颇有胆识，史称他"晚著道余录，颇毁先儒"，当然，也曾招致一些人的反对。

永乐十六年（公元1418年）三月，姚广孝84岁时病重，成祖多次看视，问他有何心愿，他请求赦免久系于狱的建文帝主录僧溥洽。成祖入应天时，有人说建文帝为僧遁去，溥洽知情，甚至有人说他藏匿了建文帝。虽没证据，溥洽仍被枉关十几年。成祖朱棣听了姚广孝这唯一的请求后立即下令释放溥洽。姚广孝闻言顿首致谢，旋即死去。成祖停止视朝二日以示哀悼。赐葬他于房山县东北，命以僧礼隆重安葬。

在明王朝初年那风云变幻、惊心动魄的政治舞台上，姚广孝以一个和尚的身份掩饰自己，觊觎权柄，殚精竭虑地策划兵变，导演了一出复杂而又尖锐的历史话剧，用计以坚朱棣反叛之志，训练军队鹅鸭乱声，又寡敌众智保北平以及疾趋京师并终于使江山易主，都表现了他多方面的惊人才智和谋略。至于他功高不受赐，则反映了他对统治阶级上层残

第四章 剖析自我，赶走内心深处的杂念

酷倾轧的清醒认识和明哲保身的老谋深算。

在一场世界职业拳王争霸赛中，美国两个职业拳手，年长的卡菲罗和年轻的巴雷拉上半场打了6个回合，实力相当，难分胜负。在下半场第7个回合中，巴雷拉接连击中老将卡菲罗的头部，打得他鼻青脸肿。

短暂的休息时，巴雷拉真诚地向卡菲罗致歉。他先用自己的毛巾一点点擦去卡菲罗脸上的血迹，然后把矿泉水洒在他的头上。巴雷拉始终是一脸歉意，仿佛这一切都是自己的罪过。

接下来两人继续交手。也许是年纪大了，也许是体力不支，卡菲罗一次又一次地被巴雷拉击倒在地。

按规则，对手被打倒后，裁判连喊3声，如果3声之后仍然起不来，就算输了。每次卡菲罗都顽强地挣扎着起身，每次都不等裁判将"3"叫出口，巴雷拉就上前把卡菲罗拉起来。卡菲罗被扶起后，他们微笑着击掌，然后继续交战。

裁判和观众都感到吃惊，这样的举动在拳击场上极为少见。

最终，卡菲罗以108∶110的成绩负于巴雷拉。观众如潮水般涌向巴雷拉，向他献花、致敬、赠送礼物。巴雷拉拨开人群，径直走向被冷落一旁的老将卡菲罗，将最大的一束鲜花送进他的怀抱。

两人紧紧地拥在一起，俨然是一对亲兄弟。做人应有广博的胸怀，足可以容纳世间的喜怒哀乐、悲欢离合，这种胸怀是一种做人的境界。古往今来，凡是有所作为的人都是心胸开阔的人。他们能容别人难容之事，不斤斤计较于个人的功名利禄，随时保持一份好心情，摆脱凡俗尘世的羁绊，专心去干他们的大事业。

怨恨就像一团麻，要想解开，必须有足够的耐心和善心。心胸狭窄、"英雄气短"的人，只会用极端的办法加剧矛盾。巴雷拉和卡菲罗在此所表现出来的为人境界是值得称道的。

在自己失败的时候，还能够坦然为成功的敌手庆贺，表现出的是一

种难得的宽容和自信；在自己胜利的时候，还热情地给失败的对手以鲜花，这是一种人格境界上的更大成功，这种境界里蕴涵了宽容、忍耐和谦逊的品德。

商业社会，要真正做到脱离物质而一味追求人格高尚纯洁确实很难。但要有了人格追求，起码可以活得轻松潇洒些，不为物质所累，更不会为一次晋级、一次调房、一次涨薪而闹得不可开交，即使不争不闹，心中也闷闷不乐、郁郁寡欢；也不会为功名利禄而趋炎附势、投其所好、出卖灵魂、丢失人格。现实生活中，每个人都可能有一两次这样的经验和体会，当你放弃利害，保住人格时，那种欣喜愉悦是发自肺腑的，淋漓尽致的。一个坦坦荡荡的人，他的心是宁静安逸的；而蝇营狗苟的小人，其心境永远是风雨飘摇的。

得到了荣誉、宠禄不必狂喜狂欢，失去了也不必耿耿于怀，忧愁哀伤，这里面有一个哲理，即得失界限不会永远不变。一切功名利禄都不过是过眼烟云，得而失之，失而复得这些情况都是经常发生的，意识到一切都可能因时空转换而发生变化，就能够把功名利禄看淡、看轻、看开些，做到"荣辱毁誉不上心"。

放下包袱，心灵才能轻松

《坛经》里陈述"若著相于外"的种种弊端，目的只有一个，那就是让人们懂得该"放下"、懂得"放手"。佛语中讲的"放下屠刀，立地成佛"中的"屠刀"则泛指执念，"放"意为"放弃"。不论是"放弃"与"放下"，都是让人们将某些该放下的事情要敢于放下、勇于放下。

第四章 剖析自我,赶走内心深处的杂念

从古到今,芸芸众生都是忙碌不已,为衣食、为名利、为自己、为子孙……哪里有人肯静下心来思考一下:忙来忙去为什么?多少人是直到生命的终点才明白,自己的生命浪费太多在无用的方面,而如今却已没有时间和精力去体会生命的真谛了。唐代的寒山禅师针对这一现象作过一首《人生不满百》的诗:

人生不满百,常怀千岁忧。
自身病始可,又为子孙愁。
下视禾根土,上看桑树头。
秤锤落东海,到底始知休。

此诗可以这样解释:"人生不满百,常怀千岁忧",尽管人生非常短暂,但是人们却都抱着长远规划,全然忘记了生命的脆弱;"自身病始可,又为子孙愁",不仅应付自己的烦恼,还要为子孙后代的生活操劳;"下视禾根土,上看桑树头",生命中劳劳碌碌都是为衣食生计奔波,哪里有时间停下来思考一下生命的意义;"秤锤落东海,到底始知休",人生的轨迹就如同掉进水里的秤砣一样,直到走到生命的尽头才会停止。

寒山禅师以此诗提醒世人:"即刻放下便放下,欲觅了时无了时。"能放下的事情不妨放下,若是等待完全清闲再来修行,恐怕是永远找不到这样的机会了。

人生往往如此:拥有的越多,烦恼也就越多。因为万事万物本来就随着因缘变化而变化,凡人却试图牢牢把握让它不变,于是烦恼无穷无尽。倒不如尽量放下,烦恼自然会渐渐减少。话虽如此,又有谁能放下呢?

许多人都有贪得无厌的毛病,正因为贪多,反而不容易得到。结果患得患失,徒增压力、痛苦、沮丧、不安,一无所获,真是越想越得

不到。

有个孩子把手伸进瓶子里掏糖果。他想多拿一些，于是抓了一大把，结果手被瓶口卡住，怎么也拿不出来。他急得直哭。

佛陀对他说："看，你既不愿放下糖果，又不能把手拿出来，还是知足一点吧！少拿一些，这样拳头就小了，手就可以轻易地拿出来了。"

在生活中，要学会"得到"，需要聪明的头脑，但要学会"放下"，却需要勇气与智慧。普通的人只知道不断占有，却很少有人学会如何放下。于是占有金钱的人为钱所累，得到感情的人为情所累……佛家劝人们放下，不是要人们什么事情都不做，是说做过之后不要执著于事情的得失成败：钱是要赚的，但是赚了之后要用合适的途径把它花掉，而不是试图永远积攒；感情是应该付出的，不过不必要强求付出的感情一定得到回报，更何况什么天长地久。如果我们学会了"放下"的智慧，那么不仅会让周围的人受益，更是从根本上解脱了我们自己。

当佛陀在世的时候，有位婆罗门的贵族来看望他。婆罗门双手各拿一个花瓶，准备献给佛陀做礼物。

佛陀对婆罗门说："放下。"

婆罗门就放下左手的花瓶。

佛陀又说："放下。"

于是婆罗门又放下右手的花瓶。

然而，佛陀仍旧对他说："放下。"

婆罗门茫然不解："尊敬的佛陀，我已经两手空空，你还要我放下什么？"

佛陀说："你虽然放下了花瓶，但是你内心并没有彻底地放下执著。只有当你放下对自我感观思虑的执著、放下对外在享受的执著，你才能够从生死的轮回之中解脱出来。"

在我们寻常人的眼里，世间的万法往往被认为是实有的，加之我们

第四章 剖析自我,赶走内心深处的杂念

以固有的观念去看待世间的万物,因而在我们主观的视角中便产生了畸形的人生观,当做衡量世间一切事物的尺度,因而使我们深深地被是非、烦恼困扰住了。于是人生就平生起了许多的痛苦,而我们自身又无法摆脱这种痛苦的缠绕。

显然,我们要摆脱世间各种烦恼的缠缚,单纯地依靠世间的智慧,无疑是不可能实现的,有时我们还需要一种勇气,一种敢于"放下"的勇气。比方说我们对某些事"求不得"时,就会想尽一切办法去努力争取实现其目的,而当这一目的被实现之后,新的欲求又将会接着产生,于是转而产生新的烦恼,如此则永无了期。此时此刻,如果我们心中能够产生一种"放下"的勇气,这个烦恼也就有了期限。

懂得"放下",是一味开心果、是一味解烦丹、是一道欢喜禅。只要我们能够适时地"放下",何愁没有快乐的春莺在啼鸣,何愁没有快乐的泉溪在歌唱,何愁没有快乐的鲜花在绽放!

摆脱心灵伤痕的困扰

著名棒球选手康尼·迈克 81 岁的时候,有人问他有没有为输了的比赛忧虑过。"多年以前我就不干这种傻事了。我发现这样做对我完全没有好处,磨完面粉就不能再磨。"他说,"水已经把它们冲到底下去了。"

世界拳王登朴希曾这样叙述自己拳坛生涯的最后一段岁月,他说当自己最后把世界拳王的称号输给对手时,他的自尊心受到了沉重的打击。他在雨中往回走,穿过人群回到房间。一路上,他看见了一直支持自己的观众眼睛里含着泪水,一些人要握住他的手安慰他。

一年后,不甘心的登朴希又跟对手比赛了一场,但此时他已没了信心，结果又失败了，从此他开始怀疑自己是不是就这样完了。要完全克制自己不去想这件事情实在很难，终于有一天，他对自己说："我不打算生活在过去里，我要能承受这一次打击，不能让它把我击垮。"

登朴希做到了这一点，他的做法是承受一切，忘掉过去的失败，然后集中精力来为未来计划。他开始经营百老汇的登朴希餐厅和大北方旅馆，安排和宣传拳击赛，举办有关拳击赛的各种展览会，他让自己忙着做一些有意义的事情，使他既没有时间也没有心思去为过去担忧。"在过去10年里，"登朴希说，"我的生活比我在做世界拳王的时候要开心得多。"

拿破仑·希尔说："现实生活中你们不可能锯木屑，因为那些都是已经锯下来的。过去的事也是一样，当你开始为那些已经做完的和过去的事忧虑的时候，你不过是在锯一些无用的木屑。"所以，为什么要浪费那么多时间去做无意义的事呢？虽然，犯了错误和发生疏忽都是我们的不对，可是又能怎么样呢？谁没犯过错？就连拿破仑，在他所有重要的战役中也输过1/3。何况，即使动用全世界所有的人马，也不能再把已经过去的挽回。如果过去的失败投下的一直是阴影，并且让它影响我们眼前和今后的生活，实在是一种自甘沉沦的做法。我们所面对的永远是未来，而不是过去。我们回忆起从前的时候，应该感谢它带给我们经验和动力，感谢它为我们走向美好的明天而做了一块铺路的垫脚石，把我们送上了一条更好的生活道路。

成功学大师卡耐基说："有一次我拒不接受我遇到的一种不可改变的情况。我像个蠢蛋，不断做无谓的反抗，结果带来无眠的夜晚，我把自己整得很惨。终于，经过一年的自我折磨，我不得不接受我无法改变的事实。"

面对不可避免的事实，我们就应该学着做到诗人惠特曼所说的那样："让我们学着像树木一样顺其自然，面对黑夜、风暴、饥饿、意外与挫折。"

第五章

确立目标,目标越具体越好

居安思危,人生不可无远虑
人生需要明确的目标
有信念才能有成功的方向
勤奋努力,干对方向才有意义
善谋者才能成事
了解自己,才能确立人生目标
目标要具体才有意义
不妨把目标分解

居安思危，人生不可无远虑

　　人生的路，是一步一步走来的，现在的安稳，必将在未来加倍偿还。仔细想想，眼前的困难，全部都和以前计划的疏漏有关。所以，人生不可以没有长远的考虑。一个人没有长远的考虑，只图缩在眼前的安乐窝里，或者被眼前的困难束缚住了目光，将来必定会遇上更大的麻烦。

　　凡事预则立，不预则废，这个道理人人都听说过。然而大多数人却还是只能看到眼前一小段路，忙于应付眼前的问题，对于日后的长远打算，却未能给予足够重视。其实，这是一种很不明智的态度。

　　北宋的张咏任崇阳县知县的时候，当地的居民都以种植茶树为生。张咏知道后说："种植茶叶的利润丰厚，官府将来一定会对茶叶进行垄断，我们还是尽早改种其他植物为好。"然后他下令全县拔除茶树而改为种桑养蚕，这一举动使得百姓们怨声载道。后来国家果然对茶叶进行了垄断，其他县的农民全都丢了饭碗，而崇阳县种桑养蚕的大环境已经形成，每年出产的丝绸有几百万匹之多。当地的居民们感激张咏给他们带来的福利，修建了祠堂来纪念他。

　　宋仁宗晚年精神错乱，时有狂癫之状，宫廷内外，人心惶惶；京城开封，气氛紧张。一代名臣文彦博和另一个人品不怎样的刘沆同为宰相。这一天，文彦博等人留宿宫中，以便处理紧急事务，应付非常之变。深夜时，开封府的知府王素急慌慌地叩打宫门，要求面见执政大臣，说是有要事禀报。文彦博拒绝了："这是什么时候，还敢深夜开宫门？"第二天一大早，王素又来了，报告说昨天夜里有一名禁卒告发都

第五章 确立目标，目标越具体越好

虞侯（禁军头目）要谋反。有的大臣主张立即将这名都虞侯抓来审问，文彦博不同意，他说："这样一来，势必扩大事态，闹得人人惊惶不安。"他召来了禁军总指挥许怀德问："这位都虞侯是个什么样的人？"

许怀德说："这个人是禁军中最为忠诚老实的一个人。"

文彦博问："你敢打保票吗？"

许怀德说："敢。"

文彦博说："一定是这个禁卒同都虞侯有旧仇，所以趁机诬告他，应当立即将他斩首，以安众心。"大家都同意他的意见。

文彦博便要签署行刑的命令，他身边有一个小吏在暗中捏了一把他的膝盖，他顿时明白过来，软磨硬拉地让刘沆也在命令上签了名。

不久，仁宗的病情有所缓解，刘沆便诬告说："陛下有病时，文彦博擅自将告发谋反的人斩首。"话虽不多，用意却十分恶毒，分明是暗示文彦博纵容造反者，甚至是造反者的同谋。文彦博当即拿出了有刘沆签名的行刑命令，这才消除了仁宗的疑心。幸亏当时让刘沆签了名，否则，文彦博真是有口难辩了。

一个想要取得成功的人，必须拥有长远的眼光。唯有如此，才能不被眼前的繁荣所迷惑，看到隐藏在繁荣背后的危险。否则，一味陶醉在目前的成功之中，在前进的道路上裹足不前，就有可能被潜伏的危险击倒，使原有的成就都化为乌有，自吞失败的苦果。张咏正是凭借他的深谋远虑，才透过种植茶树表面的繁荣，看到了其不利的因素，帮助崇阳的百姓躲开了可能降临的灾祸；而文彦博身边的小吏更是熟知官场中的复杂与残酷，偷偷地指点了文彦博一下，替其免除了一场杀身之祸。

没有远虑的人，其作为都会限制在一个小范围内，小富即安，只管低头吃饭，没有抬头看天。古人形容这种状态是："燕雀处堂，不知祸之将及。"一窝麻雀在一家人的堂屋上筑起了巢，觉得这个巢安全极了。

麻雀一家，母子大小，吃吃叫叫，聚居一起，快乐逍遥。不料有一天，这家人灶上的烟囱坏了，火焰往上直冒，一会儿就烧着了屋梁，一场灾难已经无法避免，而麻雀们毫不害怕，依然无忧无虑，认为房子着火与它们没有关系，因为它们的窝都是好好的。它们一点也没想到大祸快要临头。目光短浅的人，和这窝麻雀没有区别。

一个人思考问题，处理事情，不但要顾及眼前，而且还要考虑到长远。只有这样，才能安排协调好方方面面的关系，不致出现各种意想不到的困扰。如果冒冒失失，顾头不顾尾，说不定忧患就会一夜之间来到你的面前。做任何事情，不作长远和近期的通盘性考虑是不行的。

人生需要明确的目标

刚刚进入社会的年轻人，常常会有各种朦胧的梦想。这些梦想像走马灯一样出现在他们头脑中。每一个梦想都值得去奋斗，但每一个梦想都不会持久。如此长久发展下去，蹉跎岁月，等到他们已经不再年轻，却发现自己一事无成。人生最大的悲剧，就是把生命浪费在转换目标上。所以，人生的目标一定要明确。

有一项社会调查表明：在我们日常所接触的人中，有80%的人不满意他们的生活，但他们心中又缺少一个他们所满意的生活的清晰图样。结果，人生往往潦倒，他们心怀不满，抱怨、反抗，但是对于自己真正想要什么，并没有一个非常明确的目标。

你是否现在就能说出你想在生活中得到什么？你认为自己能够得到其中几项？需要你付出怎样的代价？确定适合你的目标可能是不容易的，它甚至会包含一些痛苦的自我考验。但无论付出什么样的努力，这

第五章 确立目标,目标越具体越好

都是值得的,因为只要你一说出你的目标,你就能得到许多好处,而且这些好处几乎不请自来。

一个人若能热切地设想和相信什么,就能以积极的心态去完成什么。

邦科是某杂志社的一名编辑。他小时候就沉浸在这样一种想法中:总有一天他要创办一种杂志。树立这个明确的目标之后,他就开始寻找各种机会。而且他终于抓住了一个机会,虽然它是如此微不足道,以致大多数人都不肯多加理睬,甚至会随手丢弃。

事情的经过是这样的。邦科看见一个人打开一包香烟,从中抽出一张纸片后就随手把它扔到地上。邦科弯下腰,拾起这张纸片。上面印着一个著名的好莱坞女演员的照片,在这幅照片下面印有一句话:这是一套照片中的一幅。原来这是一种促销香烟的手段,烟草公司欲促使买烟者收集一整套照片。邦科把这个纸片翻过来,注意到它的背面竟然完全是空白的。

像往常一样,邦科感到这儿有一个机会。他推断,如果把附装在烟盒子里的印有照片的纸片充分利用起来,在它空白的那一面印上照片上的人物的小传,这种照片的价值就可大大提高。于是,他找到印刷这种纸烟附件的平板画公司,向这个公司的经理说明了他的想法。这位经理立即说道:"如果你给我写100位美国名人小传,每篇100字,我将每篇付给你3美元。请你给我送来一份你准备写的名人的名单,并把它分类,你知道,可分为总统、将帅、演员、作家等。"

这就是邦科最早的写作任务。他的小传的需要量与日俱增,以致他必须得请人帮忙。于是他请求他的弟弟迈克尔帮忙,如果迈克尔愿意帮忙,他就付给他每篇50美分。不久,邦科又请了几名职业记者兼职帮忙写这些名人小传,以供应一些平板画印刷厂。就这样,邦科竟然真成了杂志的编者！他圆了自己的梦！

现在回过头来看，起初，命运对邦科并不是特别眷顾。然而他并没有抱怨，而是抓住机会做出了令人满意的事业。所以，我们要注意到这个事实，没有什么人会把成功送到我们手里，任何获得了成功的人，都首先有渴望成功的心态，并且付诸了行动。

如果邦科的成功或多或少是靠机遇的话，那么另一个人的成功则将给我们更多的启示。

几年前，南卡罗来纳州一个高等学院早早地通知全院学生，一个重要人士将对全体学生发表演说，她是整个美国社会的绝对顶级人物。

那个学校规模不大，学生和师资相对其他美国的学校稍差一点，因此能邀请到这样一个大人物，学生们都感到特别兴奋，在演讲开始前的很长时间，整个礼堂就都坐满了兴高采烈的学生，大家都对有机会聆听到这位大人物的演说高兴不已。经过州长的简单介绍后，演讲者步履轻盈，面带微笑地走到麦克风前，先用坚定的眼光从左到右扫视一遍听众，然后开口道：

"我的生母是个聋子，因此没有办法和人正常地交流，我不知道自己的父亲是谁，也不知道他是否在人间，我这辈子找到的第一份工作，是到棉花田里去做事。"

台下的听众听了全都呆住了，面面相觑。这时，她又继续说："如果情况不尽如人意，我们总可以想办法加以改变。一个人的未来怎么样，不是因为运气，不是因为环境，也不是因为生下来的状况。"她轻轻地重复方才说过的话："如果情况不尽如人意，我们总可以想办法加以改变。一个人若想改变眼前充满不幸或无法尽如人意的情况，只要回答这个简单的问题：'我希望情况变成什么样？'然后全身心投入，采取行动，朝理想目标前进即可。"

第五章 确立目标,目标越具体越好

"这就是我,一位美国财政部长要告诉大家的亲身体验,我的名字是阿济·泰勒·摩尔顿,很荣幸在这里为大家作演说。"

简短的演说留给人们的却是深深的思考。一个人的出生环境无法改变,但他的未来却可以靠自己的努力谱写,关键是你要一个什么样的未来。为自己设定一个明确的目标,并付诸行动,用积极的心态去面对可能出现的各种困难,每个人的未来都会很精彩。

有信念才能有成功的方向

有一个明确的信念,是成功的起点。自然,现实情况可能千变万化,策略也要相应调整,但作为人生大方向的信念不能动摇。那些98%的人之所以失败,就在于他们从来都没有设定明确的信念,并且也从来没有踏出他们人生目标的第一步。或者今天换这个目标,明天换那个目标,结果处处挖井,处处无水。

世界上没有人愿意庸庸碌碌地过一辈子,但却有那么多的人成了庸人。世间的无奈真是一言难尽。成了庸人的人经常会羡慕成了伟人的人,甚至会吃不着葡萄就说葡萄酸。其实对葡萄有多么渴望,只有他们自己知道,但他们永远都不会去找吃不到葡萄的原因。如果真要找,也只是把原因归咎为客观条件所限,却不会看看自己曾经为能够吃到葡萄做出过多大的努力。人要有一点成就——"吃到葡萄"就必须找到摘葡萄的入手处,有了明确的方向才能进行后续的工作。否则,摘到葡萄的机会很小,摘到葡萄叶子的机会很大。

如果你去研究那些成功人士的经历,你会发现,他们与庸人的最大不同在于,每一个人都各有一套明确的信念,已定出达到目标的计划,

· 93 ·

并且花费最大的心思和付出最大的努力来实现他们的目标。

然而，信念却不同于一个篮子里的苹果，只要分过去，大家都有份。信念不是别人分给你的，它因人而异，不同的人有着很大的区别。

比尔·盖茨的信念是建立一个操纵世界电脑行业走向的"微软帝国"，而一个叫比利的职员执著追求的最大理想不过是"全家搬进一所新房子"。

在同样拥有信念的前提下，目标的大小和想象力的丰富与贫乏，决定其结果的截然不同。

"想象力操纵世界"是个真理。无论飞机、火箭，或是股市、网络，以及联合国、欧盟等，统统都是人类想象力的结果。人们的想象力在主宰着世界。想象的能力往往决定一个成功者的分量与质量，而这与他最初的处境、实力并无太大关系。就是说，想象力不会受经济实力以及周围环境的约束。

比尔·盖茨创业伊始只是个未大学毕业的学生。当想象成为信念的翅膀时，事业便会呈现出一种飞翔的态势。

世界石油大王保罗·盖蒂从小不爱读书，父亲很失望。他给儿子500美元："这是给你打天下的本钱。两年内，我每个月只能给你100美元做生活费。"

"我如果赚不到100万美元，我永远不回来！"保罗发誓。

保罗带上简单的行李，踏上东去的火车，只身一人来到俄克拉荷马州的塔尔萨镇。这里被称为冒险家的乐园，许多人来此挖掘石油，以求一夜暴富。当时，挖掘石油是一个很冒险的行业，你如果发现大油田就会马上成为百万富翁，但是假如接连打了几口滴油不见的干井就只能倾家荡产。保罗环顾四周，一切都很陌生，各式各样的人都在那儿，都为了寻找石油而来。有钱人还建立了石油公司，专门寻找开采石油。同这

第五章 确立目标,目标越具体越好

些人相比,保罗不过是小混混。然而,他却没有被吓倒,决心一试身手。

当时,一个已经赚足了钱的石油大王伯恩达吹嘘道:"凭借石油发财要靠运气的,除非他能闻出石油,即使在3000英尺以下也能闻得出来。"

保罗很不服气,他认为,发现石油是要靠运气的,可运气不是坐着等就会上门的,要自己动手去找,才能碰到好运气。

1915年冬季,保罗得到一个消息:有一块叫"南希泰勒农场"的地皮要拍卖。他怦然心动,不少人都说那块地皮下一定有石油。于是,他马上开车奔赴现场。走了一圈,凭直觉猜测那块地很可能蕴藏着丰富的石油,可保罗兴奋不起来,一场激励竞争是免不了的。保罗想:"公开竞争,我是不会赢的,我只有500美元啊!怎么办,靠硬拼是不行的。"

一心要做石油大亨的梦想促使他产生了一个谁都不敢想象的办法。保罗来到他存款的银行,要求派代表替他喊价。他故意神秘兮兮,做出不肯透露谁是真正的买主的样子。在他的游说下,银行的一位高级职员同意到时候和他前往。

公开拍卖开始了,银行高级职员首先举牌,引起在场的人一阵惊讶和骚动。

一些向银行借钱的人不作声了,和银行没有借贷关系的人低声议论,来者不善啊!

最后,那个银行职员,实际上是保罗以500美元的价钱买下了这块地皮的石油开采权,那只是报价的1/3。

保罗迅速雇人架设起铁架和钻井,钻头开始伸向地下……

时间一天天地过去了,第二年2月2日,在井的400多米深处,出现一层带有油渍的沙土，这意味着，这口井里有没有油，在 24 小时内将会揭晓。

第二天，他的油井钻出了石油。

保罗·盖蒂注定会成为石油大亨。因为在激烈的竞争中，他没有被那一群腰缠万贯的大亨们吓倒，更没有因为囊中羞涩而黯然退出。

他要一夜暴富，成为人人敬仰的石油大亨，尽管口袋只有可怜的 500 美元——投资资金。

500 美元买来一个石油大亨，是信念与想象力创造的奇迹。

人生就有许多这样的奇迹，看似比登天还难的事，有时轻而易举就可以做到。其中的差别就在于非凡的信念和想象力。

信念的极至即是世界无极限。这看似是一句没有科学依据的话。但是，信念就是这样和人类的科学开着玩笑，它有着神奇的魔力。科学是公式化、定律化的，它规定你只能在这个有限的范围内活动。超出这个范围的即被认为是禁区。信念却指引着你从不可能中去发现可能，创造奇迹。令人啼笑皆非的是，信念却是科学发展的原动力。

无论什么样的禁区，包括科学上的诸多禁区，破解它的唯一武器就是看似不太科学的信念。

禁区之外的努力就像是在别人已挖过的矿井中淘金，即便有所发现，也是收获甚微，而禁区内才是藏珍纳宝的原始地带，也是巨大成功的发源地。

信念可以让你无所畏惧，信念会使你成为一个对诸多禁忌持怀疑论调的人，信念是造就"天下第一人"起码应具备的特质。一旦你的信念发挥到极至，世界对于你来说就没有了极限。

第五章 确立目标，目标越具体越好

勤奋努力，干对方向才有意义

"踏实肯干"、"任劳任怨"一直是中国人提倡的美德，殊不知这种美德却掩盖了一个大问题：仅仅是埋头苦干，不肯动脑子思考，这样的苦干很可能就是在做无用功。中国有南辕北辙的故事，就是一个警示。在低头走路之前，要先思考，现在的目标能不能把你带到更好的境地。只有认对了目标，辛勤的汗水才能结出甜美的果实。

以前，我们经常听到"没有功劳也有苦劳"、"他是我们单位里的一头老黄牛，尽管业绩不突出，但一直勤勤恳恳"之类的话。苦劳很容易让我们感动，勤奋努力也是我们要倡导的。然而，如果我们能巧干，为什么要苦干呢？如果我们得不到好结果，再好的过程又有什么用呢？在这个时代，那些光知道苦干、穷忙的人，已越来越难获得用人单位的认可，也很难取得好的成就。

法国科学家约翰·法伯做过这样一个著名的"毛毛虫实验"。

约翰·法伯找的这种毛毛虫有一种"跟随者"的习性，总是盲目地跟着前面的毛毛虫走。法伯把几只毛毛虫放在一只花盆的边上让它们首尾相连，围成一个圈。花盆周围不到15米的地方，撒了一些毛毛虫喜欢吃的松针。毛毛虫开始一只跟一只绕着花盆，一圈又一圈地走。时间一分一秒地流逝着，一天过去了，毛毛虫们还在不停地、坚忍地沿着花盆打转。一连走了7天7夜，这几只毛毛虫终因饥饿和精疲力竭而死去。这其中，只要任何一只毛毛虫稍稍与众不同，便立时会摆脱困境，吃到美味可口的松针。

生活中，愚者又何尝不是如此呢？千百年来，多少愚者拉着生活这盘沉重无比的石磨，蒙着眼睛，围着一个圆圈，倔强而又勤劳地走着，忙碌而又悲哀。

带领蒙牛集团取得了惊人发展速度的牛根生，经常向蒙牛员工们强调这样的理念："一两智慧胜过十吨辛苦。"如果通过找到支点，利用一根杠杆就可以把巨石搬动，那么我们又何必花费大量的时间和物力去请人搬走它呢？勤奋是成功的一个原因，甚至是人的一种美德，却不应该被认为是我们取得成功的唯一条件。我们鼓励勤奋，我们更鼓励智慧的勤奋！成功者除了比一般人勤奋，还要比一般人更善于运用他们的智慧！

出来谋生的人，天底下到处都是，但结局却是迥然不同。有思想的人能开创自己的天地，没头脑的人依然重复着昨天。在这个讲效率的年代，蛮干是没有前途的，不管你多么用力。

勤奋努力是成功的必备品质，但也是有条件的。当你陷进泥塘里的时候，就应该知道及时爬起来，远远地离开那个泥塘。有人说，这个谁不会呀！而事实上，不会的人多了。比如一个不适合自己的公司、一堆被套牢的股票、一场"三角"或"多角"恋爱，或者是个难以实现的梦幻……在这样的境遇里，你再怎么挣扎也无济于事，真正聪明的做法就是调整方向重新再来。

不过在现实生活中，确实有一些人在做着无谓的斗争与努力，就像是已经坐上了反方向的公共汽车，还要求司机加快速度一样。学会调整目标，就是上错了公共汽车时，及时地下车，另外坐一辆车。

只是人们这样的行为，一旦不是在公共汽车上出现，自己就不太愿意调整方向了。比方说是一桩婚姻、一个写了一半的剧本、一个正从事的发明。难！于是就努力向售票员证明是他的错，是他没有阻止自己登上汽车；于是就努力说服司机改变行车路线，教育他跟着自己的正确路线前进；于是就下决心消灭这辆汽车，因为消灭一个错误也是件伟大的事业；于是就坚持坐到底，因为在999次失败后也许就是最后的成功。

人生道路上，我们常常被高昂而光彩的语汇弄昏了头，以不屈不挠、百折不回的精神坚持死不认输，从而输掉了自己！选对方向，及时改变方向应该是最基本的生活常识，臭牌教过我们，泥塘教过我们，只是我们一离开这些老师，就不愿从上错了的车上走下来。

其实，如果你从一辆坐错了的车上下来没有什么不好，因为，当你再次选择的时候，如果找到了自己的位子，远比朝着一个错误的方向一直走下去强很多。

善谋者才能成事

谋，即谋划、计谋。善谋，就是做事有计划又有策略。社会发展的趋势，是巧妙淘汰简单，严密计划淘汰随心所欲。所以，只有善谋者才能在激烈的社会竞争中脱颖而出。做任何事情之前，都要努力了解情况，尽可能地为各种情况做好预案。在遇到困难时，要多想想计谋，而不是一味苦干蛮干。

《孙子兵法》中有一句话极其深刻，即"多算胜，少算不胜，而况与无算乎？"它告诉我们这样一个道理：做任何事之前，必须先在脑中谋算清楚才好出手，切忌盲目冲动，不能毫无计划地蛮干。再者，还要注意"多算"与"少算"的关系——越充分谋划，越周密推算，越能赢得胜利；反之，就可能招致惨败。做事之时，我们必须明白"谋"字的重要性，即不谋事无以成事。历史上的经验告诉我们，头脑简单、四肢发达的莽夫，从来都不会登上成功的巅峰。

曾经有一位商人，在与朋友的闲聊中，听到了一句话：今年滴水未降，但据天气预报部门预测，明年将是一个多雨的年份。

说者无心，听者有意。商人从朋友的话里，发现了这个商机，什么与下雨关系最密切呢？当然是雨伞。商人着手调查当年雨伞销售情况，结果表明雨伞大量积压。于是他同雨伞生产厂家谈判，以明显偏低的价格从他们手中买来大量雨伞囤积。

转眼就是第二年，天气果然像预测的那样，雨果真下个没完。商人囤积的雨伞一下子就以明显偏高的价格出了手，仅此一个来回，商人就大赚了一笔。

有一则流传在日本的故事，说的是有两个叫阿呆和阿土的人，他们都是老实巴交的渔民，却都梦想着成为大富翁。有一天，阿呆做了一个梦，梦里有人告诉他对岸的岛上有座寺，寺里种有49棵朱模，其中开红花的一棵下面埋有一坛黄金。阿呆便满心欢喜地驾船去了对岸的小岛。岛上果然有座寺，并种有49棵朱模。此时已是秋天，阿呆便住了下来，等候春天的花开。肃杀的隆冬一过，朱模花盛放了，但都是清一色的淡黄。阿呆没有找到开红花的那一棵。庙里的僧人也告诉他从未见过哪棵朱模开红花。阿呆便垂头丧气地驾船回到了村庄。

后来，阿土知道了这件事，就用几文钱向阿呆买下了这个梦。阿土也去了那座岛，并找到了那座寺。又是秋天，阿土也住下来等候花开。第二年春天，朱模花凌空怒放，寺里一片灿烂。奇迹就在此时发生了：果然有一棵朱模盛开出美丽绝伦的红花。阿土激动地在树下挖出了一坛黄金。后来，阿土成了村庄里最富有的人。

据说这个故事在日本流传了近千年。今天的我们为阿呆感到遗憾：他与富翁的梦想只隔一个冬天。他忘了把梦带入第二个灿烂花开的春天，而那些足可令他一世激动的红花就在第二个春天盛开了！阿土无疑

·100·

第五章 确立目标,目标越具体越好

是个聪明者:他相信梦想,并且等待另一个春天!

孔子说过:"人无远虑,必有近忧。"意思是说人们若没有长远的考虑和打算,眼前就会有不称心的事发生。在经营管理上,如果不讲究谋略,没有长远观念,急功近利,往往事与愿违。

美国吉列公司就因迟迟没有把自己的不锈钢刀片投入市场,以致被竞争者抢先一步占领了市场而遭到重大的损失。在1962年以前,吉列公司垄断了美国的剃刀市场。在《幸福》杂志所列的美国500家最大工业公司的利润率中,吉列名列第4,但其投资回收率却高居首位。高级蓝色刀片是吉列刀片的核心和最高级的产品,也是创利最大的产品。这种刀片经过5年的试验和研究才制成,并于1960年正式投入市场,仅在1962年就获利约1500万美元,占公司利润额的1/3以上。不过这种刀片是用碳素钢制成的,虽薄而锋利,但很不耐用。1961年英国的不锈钢刀片向美国推销,因其使用次数多,受到美国顾客的青睐,由于输入数量不多,没有构成对吉列公司的威胁,也就引不起它的注意。但这一情况却引起它的美国竞争对手的重视,如希克公司和用森纳公司等,都迅速地将不锈钢刀片投入市场,并树立起了良好的形象,利润在不断增加,市场占有额在不断扩大。而在1962~1966年间,吉列公司停滞不前,1966年的利润比1962年下降了2670万美元。本来吉列公司对美国刀片市场的垄断地位是不可动摇的,而且已有自己的不锈钢刀片,因为担心过早投入市场,会不利于高级蓝色刀片的销售,所以吉列公司行动迟缓,丧失了机会。

"不谋全局者不足以谋一域,不谋万世者不足以谋一时"。人活着,不论是生活还是工作上,都会不断地遇到新的问题,在处理问题时,如果凡事不动脑筋先想一想,在没有充分考虑有利条件和不利条件的情况下就莽撞行事,必然碰壁,遭遇挫折,甚至留下后患。而如能事先全面考量，做到心中有数，计划周全，就容易完美解决问题。所以说，凡事应三思而后行，不谋事无以成事。

了解自己，才能确立人生目标

一个人必须先了解了自己的情况，才能为自己的人生设立目标。人要正确认识自己并不容易，别人会从他们自己的角度对你有各种评价，但这些评价都是表面的，真正了解你的内心愿望和潜在能力的只有你自己。在规划自己的人生之前，先冷静想想自己的条件吧。

"走自己的路，让人们去说吧！"我们对但丁的这句名言并不陌生，可是，我们在生活中是否信奉它、实践它呢？

电影舞星佛莱德·艾斯泰尔1933年到米高梅电影公司首次试镜后，在场导演给他的纸上评语是"毫无演技，前额微秃，略懂跳舞"。后来艾斯泰尔将这张纸裱起来，挂在比佛利山庄的豪宅中。美国职业足球教练文斯·伦巴迪当年曾被批评"对足球只懂皮毛，缺乏斗志"。哲学家苏格拉底曾被人贬为"让青年堕落的腐败者"。

彼得·丹尼尔小学四年级时常遭级任老师菲利浦太太的责骂："彼得，你功课不好，脑袋不行，将来别想有什么出息！"彼得在26岁前仍是大字不识几个，有次一位朋友念了一篇《思考才能致富》的文章给他听，给了他相当大的启示。现在他买下了当初他常打架闹事的那条街道，并且出版了一本书——《菲利浦太太，你错了！》。

贝多芬学拉小提琴时，技术并不高超，他宁可拉他自己作的曲子，也不肯做技巧上的改善，他的老师说他决不是当作曲家的料。

歌剧演员卡罗素美妙的歌声享誉全球，但当初他的父母希望他能当

第五章 确立目标，目标越具体越好

工程师；而他的老师则说他那副嗓子是不能唱歌的。

发表《进化论》的达尔文当年决定放弃行医时，遭到父亲的斥责："你放着正经事不干，整天只管打猎、捉狗捉耗子的。"另外，达尔文在自传上透露："小时候，所有的老师和长辈都认为我资质平庸，说我与聪明是沾不上边的。"

沃特·迪斯尼当年被报社主编以缺乏创意的理由开除，建立迪士尼乐园前也曾破产好几次。法国化学家巴斯德在读大学时表现并不突出，他的化学成绩在22人中排第15名。牛顿在小学的成绩一团糟，曾被老师和同学称为"呆子"。

罗丹的父亲曾怨叹自己有个白痴儿子，在众人眼中，他曾是个前途无"亮"的学生，艺术学院考了3次还考不进去。他的叔叔曾绝望地说：孺子不可教也。

《战争与和平》的作者托尔斯泰读大学时因成绩太差而被劝退学。老师认为他："既没读书的头脑，又缺乏学习的兴趣。"

如果这些人不是"走自己的路"，而是被别人的评论所左右，盲目跟从他人，怎么能取得举世瞩目的成绩？所以说，真正成功的人生，不在于成就的大小，而在于你是否努力地去实现自我，活出自己该有的特色。

正确地自我评价，是对社会的一种义务，也是使自己走上正确方向的前提条件。松下幸之助认为，人类怎样来评价自己，是件重要的事。能够正确地判断是很幸运的，假定一个人是具有特殊能力的木工，人家请他说："请你当银行的分行经理好吗？"而他会说："这我有困难，我是最适合做木工的，发挥木工的特殊技能，才合乎我的兴趣，而且我才会觉得幸福。"

个人对于社会的第一义务是判定自己的价值，也就是要正确地认识自己，这是很重要的。

经营公司与经营商店是同样的。如果商店的老板无法对自己做正确的判断，那他一定会失败的。别人改造了店面装潢，雇用很多人，这时候我们也照这样做的话，失败的可能性一定会增大的。应该说别人可以做，但自己不一定跟着做，要自己把握自己的经营方法，正确地判断自己的能力，这样对自己才算负责任。

有许多人，为圆自己的明星梦，千里迢迢来到一些大都市求发展，结果却常常上当受骗，为此他们专门成立了一个维权小组。细细想来，会有那么多人上当受骗，归根结底就是他们既不了解自己，也不了解社会。不能否认，有许多人确实具备表演的才能和天分，进入演艺圈是最理想的选择。然而，大多数人并不具备进入演艺界的条件，但他们之所以千方百计地想成为其中的一员，是他们只看到了明星们在人前的无限风光。受虚荣心和金钱的利诱，他们不顾途径的正当与否，付出代价的多少，只要有一点机会就要努力争取。这种精神确实可嘉，但等待他们的结果必将是失败。这就是无知的代价。他们不知道并不是所有的人都适合走这条路，他们的观念错了。

常有人因做某种生意赚了钱，就有人想跟着干，这样一窝蜂地做生意，结果形成恶性竞争，对任何一方都没有好处，这就是不能判断自己，盲目羡慕别人，模仿别人的后果。

任何一个成功者都不会是一个只知道跟在别人后面跑的人。他们有时可能会暗自跟进，但看准时机时就会突然出手，为争得超出别人的机会而尽心尽力。当他们将风光抢尽的时候，就是他们成功的时候，而那些盲目跟从的人就只有吃残杯冷炙的份儿。许多人不能成功，其原因都是毁于他们头脑中存在的盲从观念，从而一步错，步步错。

第五章 确立目标，目标越具体越好

目标要具体才有意义

人生需要有目标，有目标才有动力。制定目标要讲究合理、贴切，既要有总体性的目标，也要有日常的具体的目标。缺少大目标，奋斗的方向就容易迷失；而缺少具体的小目标，生活会因为没有挑战性而产生懒惰心理。

人生的目标，是一个宏观的指导，最好能具体到生活中，在日常的工作、学习中，给自己设立一些具体的小目标。这样，既能检验自己的奋斗成果，也能不断调整前进的方向。

当我们为自己设下一个目标之后，就应该不断在头脑里强调它，并清晰明确地写出，以此作为行动指导。因此，"以终为始"是实现自我领导的原则。这将确保自己的行为与目标保持一致，并不受其他人或外界环境的影响。任何一个存在的社会组织都需要这种行动指导，任何一个企业或个人也不例外。这些目标需要阶段性地评估以及持续修正和改良。

因此，最好的办法就是"目标细分化"：先制定一个大的目标，然后将大目标分成若干个小目标，并且将这些小目标和时间限制联系在一起，用时间限制来鞭策自己定时、定量、定质地完成任务，一步一个脚印，那么即便你遇到一些困难，也是很容易挺过去的。

即使自身具备再优越的条件，一次也只能脚踏实地地迈一步。这是十分简单的道理，然而，很多初入社会的年轻人，在步入社会后，却把这简单的道理忘记了。他们总想一步登天，恨不得第二天一觉醒来，摇身一变成为比尔·盖茨一样的成功人物。他们对小的成功看不上眼，要他们从基层做起，他们会觉得很丢面子，他们认为凭自己的条件做那些工作简直是大材小用。他们有远大的理想，但又缺乏踏实的精神，最终只能四处碰壁。

任何一个人的成功都不是靠空想得来的，只有踏踏实实一步一个脚印地去尝试、去体验，才能最终取得成功。不管你拥有过怎样知名学府的毕业证书，也不管你获得过怎样高的奖励，你都不可能在踏出校门的第一天就获得百万年薪，更不可能开上公司所配的高级跑车，这些都需要你踏踏实实地去干、去争取。如果你不能改掉眼高手低的坏毛病，那么，不但初入社会就容易遭遇挫折，以后的社会旅程也会布满荆棘。

上世纪70年代，麦当劳公司看好了中国台湾市场，决定在当地培训一批高级管理人员。他们最先选中了一位年轻的企业家。让那个企业家没有想到的是，第二天一上班，总裁就先让他去打扫了厕所。后来他晋升为高级管理人员，看了公司的规章制度后才知道，麦当劳公司训练员工的第一课就是先从打扫厕所开始的，就连总裁也不例外。

创维集团人力资源总监王大松曾经说："年轻人只有沉得下来才能成就大事。无论你多么优秀，到了一个新的领域或新的企业，刚出校门就想搞策划、搞管理，可是你对新的企业了解多少？对基层的员工了解多少？没有哪个企业敢把重要的位置让刚刚走出校门的人来掌管，那样做无论对企业还是对毕业生本人都是很危险的事情。"

所以，要想获得事业的成功，就要先去掉身上的浮躁之气，培养起务实的精神，扎扎实实打好基础，基础打好了，你事业的大厦才可能拔地而起。

戒掉浮躁之气并不困难，只需把自己看得笨拙一些。这样你就很容易放下什么都懂的假面具，有勇气袒露自己的无知，毫不忸怩地展示自己的疑惑，不再自命不凡、自高自大，培养起健康的心态。这有利于更

第五章 确立目标，目标越具体越好

快更好地掌握处理业务的技巧，提高自己的能力，还能给上司和同事留下勤学好问、严谨认真的好印象。

拥有务实精神的人，可以很容易地控制自己心中的激情，避免设定高不可攀、不切实际的目标，不会凭着侥幸去瞎碰，也不会为了潇洒而放纵，而是认认真真地走好每一步，踏踏实实地用好每一分钟，甘于从不起眼的小事做起，并能时时看到自己的差距。

认真扎实地去做基础工作，是培养务实精神的关键。越是那些别人不屑去做的工作，你越要做好。工作能力是有层级的，只有从基础做起，处理好小事，才能打好根基，培养起处理大事的能力。

你还要保持一颗平常心，坦然地去面对一切。如果小有成就，也不需太得意，如果遇到挫折，也不要消极失望。"不以物喜，不以己悲"的心态，会使你更加关注自己的工作，并集中精力做好它。

此外，还要切忌急于求成。事业的成功需要一个水到渠成的过程，急于求成可能导致功败垂成。

人的成长是需要一个过程的，这个过程不是任何文凭、学位可以缩短或替代的，否则就会出现断层，就会成为空中楼阁。"没有人能随随便便成功"，这是一句歌词，也是一条真理。"随便"是指空想、浮躁，只有去掉这些，发扬务实的精神，万丈高楼才能拔地而起。初入社会是一个人的品质和生涯定格的时期，如果你能在这个时期树立起务实的精神，扎扎实实地练就基本功，那么还有什么能阻碍你成功呢？

不管你从事哪一行哪一业，成功都自有其既定的路径和程序，一步一步地来，步步为营步步赢，成功自然会在不远的地方等着你，想一步登天，成功就会跑得比你更快，你永远都追不上。

不妨把目标分解

　　远大的目标不免使人产生遥不可及的感觉，这时候，可以试试把大目标分解成几个小目标，只要小目标每一步都能走好，最后的大目标一定能达到。小至个人，大到一个公司、企业，它们的成功发展，都是一步一步走出来的。当我们认真对待并做每一件事时，我们会发现自己的人生之路越来越广，成功的机遇也会接踵而来。

　　1984年，在东京国际马拉松邀请赛中，名不见经传的日本选手山田本一出人意料地夺得了世界冠军。

　　多年后他的自传中说到取胜的原因：每次比赛之前，我都要乘车把比赛的线路仔细地看一遍，并把沿途比较醒目的标志画下来，比如第一个标志是银行；第二个标志是一棵大树；第三个标志是一座红房子……这样一直画到赛程的终点。比赛开始后，我就以百米的速度奋力地向第一个目标冲去，等到达第一个目标后，我又以同样的速度向第二个目标冲去。40多公里的赛程，就被我分解成这么几个小目标轻松地跑完了。

　　起初，我并不懂这样的道理，我把我的目标定在40多公里外终点线上的那面旗帜上，结果我跑到十几公里时就疲惫不堪了，我被前面那段遥远的路程给吓倒了。

　　弗罗伦丝·查德威克是著名的长距离游泳健将，她是世界上第一位横渡英吉利海峡的女性。1952年7月4日清晨，34岁的查德威克从卡塔林纳岛上纵身跳入了茫茫的太平洋，这一次，她的目标是对面21英里的美国加利福尼亚海岸，她将要创造另一项世界纪录。

　　这天早上，大雾弥漫，她几乎看不到护送她的随从船队和人员。冰

第五章 确立目标，目标越具体越好

冷的海水冻得她浑身发麻，她咬紧牙关坚持着，时间一小时一小时地过去，成千上万的观众在电视上看着她，为她呐喊加油。大约15小时过后，她感到疲惫不堪，又冷又累，快要坚持不住了。她呼喊着让人拉她上船。这时，她的母亲在船上告诉她，现在离加利福尼亚海岸已经很近了，千万不要放弃！可是，她朝前面望去，除了浓雾还是浓雾。她又坚持游了半个多小时，15个小时55分钟之后，她筋疲力尽，随从的保护人员终于把她拉上了船。

浓雾散去之后，她才知道，自己上船的地方离海岸仅有半英里的距离。这是她长距离游泳生涯中唯一的一次失败。事后她对采访的记者说："说实在的，我不是为自己找借口。如果当时我能看见陆地，也许我能坚持下来。"

两个月之后，她成功地游过了这一曾经令她失败的海域。

通过上面两个案例我们可以看到分解目标的重要性。团队实现目标的过程就是一场马拉松、一次海峡穿越，通过长期的努力和坚持才能换来最后的成功。然而领导者要保证目标的成功，首先要做的就是分解目标。

分解目标有助于任务化难为简。比如，一个团队本年度的销售目标是500万元，比去年提高了30%。团队接到这个任务，感到十分担心，担心在现在激烈的竞争环境下无法完成这么高的目标。团队领导者进行动员鼓励的同时，细心地分解了目标。细化了每人每天每月的具体目标，高难度、难实现的目标一下子变成有挑战性又可以达到的一个个小目标。

分解目标有助于任务踏实完成。目标分解得越细，越容易考核和纠正。一个团队一年内降低成本20%，如果目标整体进行实施，要到一年后才与大目标进行对比考核。若发现成本未降反增等情况时，再做补救措施已实属亡羊补牢。将大目标进行分解，在实现每个小目标时进行考核，促使团队按时踏实地完成任务，并在出现问题时及时进行纠正。

　　分解目标有助于保存团队士气。大目标往往遥远又难以实现，团队成员容易在实施目标之前已经失去了信心。通过分解成一个个小目标，团队成员会感到任务变得容易的多。在实现了一个小目标时，得到成功的鼓舞，积蓄动力去实现下一个小目标。这样通过不断实现一个个小目标，团队才能在实现大目标的过程中一步步接近。

第六章

正视挫折,你一定可以打败困难

不怕失败,用热情去挑战竞争
人生的光荣在于屡败屡战
不要被厄运打倒
能挺住就是胜利
逆境可能是成长的阶梯
破甑尽可以弃之不顾
心不死就有希望
面对挫折,逃避就是认输
走投无路时,坚持助你柳暗花明
永不畏惧,永不放弃
抓住最后一线希望

不怕失败，用热情去挑战竞争

热情是生命的原动力，热情使得事业攀上一个又一个高峰，用热情去点燃生命之火，收获的永远比付出的多。没有激情的人，很容易就会被生活磨去锋芒，一蹶不振；而拥有激情的人，在岁月的磨炼中会绽放出更多的光华。所以只要不放弃激情，人生就会有无数种可能。

一个中专生给某杂志编辑部写了这样一段话："我只是一个中专生，一没文凭，二没经验，谁会用我……往日的美好设想，变成了对现实的无奈，变成了每日的哀叹。我在大街上游荡，感觉像被社会抛弃的人……"

是的，理想与现实之间是有差距的，正如理论与实践的差距一样，有时甚至是很大的。当心中的美好憧憬与愿望同现实的无情与残酷发生猛烈的撞击时，身心就变得那么的无力，那么的无奈，那么的脆弱和不堪一击。昔日的理想如同昨日黄花，往日的激情恍若消逝流水，一去不返了。于是，就逐渐颓唐、悲观、怨天尤人，或者安于现状，得过且过，再或是被生活与岁月磨得棱角全无，看惯了平庸，习惯了世俗。总之，那曾经拥有的热情与梦想、昂扬和纯真都变得无影无踪，再没有了对生活的激情，人就是在这已逝去和即将逝去的日子里迷失了激情，人就是在这已经逝去和即将逝去的日子里迷失了自己的希望和方向。所以，这样的人，即使是作为再普通不过的一个平常人，他只是在活着，而不是在生活。美好的生活需要有追求来支撑，真正的人生需要有激情作伴。

周星驰的电影《少林足球》中，有这样一段话："做人如果没有理想,那跟咸鱼有什么区别?"初听起来,似乎只是在搞笑,仔细想一想,难道不是吗?没有理想的人,不就是跟咸鱼一样,趴在砧板上任命运宰割吗?

麦特·毕昂迪是美国知名的游泳选手,1988年代表美国参加奥运会,被认为极有希望继1972年马克·史必兹之后再夺7项金牌。但毕昂迪在第一项200米自由泳竟落居第3,第二项100米蝶泳原本领先,到最后1米硬是被第2名超了过去。

许多人都以为,两度失金将影响毕昂迪后续的表现,没想到他在后5项竟连连夺冠。对此,宾州大学心理学教授马丁·沙里曼并不感到意外,因为他在同一年的早些时候,曾为毕昂迪做过乐观影响的实验。

实验方式是在一次游泳表演后,毕昂迪表现得很不错,但教练故意告诉他得分很差,让毕昂迪稍作休息再试一次,结果他完成得更加出色。参与同一实验的其他队友却因此影响了成绩。

毕昂迪之所以可以在受到重创之后连连夺冠是因为他的乐观、热情。有蓝天的呼唤,就不能让奋飞的翅膀在安逸中退化;有大海的呼唤,就不能让搏击的勇气在风浪前却步;有远方的呼唤,就不能让寻觅的信念在走不出的苦闷中消沉。

把不满表达成上进,把委屈升华为不屈,把失意改写成冷峻。从一时的压抑中酝酿出一生的执著,你就可以从一时的失意中发出一生的激情。

热情是事业的源泉,是人际的堡垒。

汪国真曾说过:"伟大的业绩总是产生于满怀热情的追求和不懈地努力。"热情是对生活、对理想的执著与追求。失去了热情,一切都会变得了无意义。失去热情的人如同行尸走肉般,对工作没干劲,懒于思考,懒于行动,即使是最美好的婚姻也会让其搞得焦头烂额,苦不堪言。没有热情的人往往是没自信的人,他们对于生活中的小小挫折都如

· 113 ·

临大敌，并滔滔不绝地对别人诉苦，他们把生命中美好的部分抹得一干二净，却将不完美的部分细细地体会着、斟酌着，并扩散成生活的悲剧。

具有热情的人却不如此，他们会把好的部分继续发扬，把不好的尽量做到最好。那些残留在心里的阴影他们会一笔抹去，或者是作为动力奋发向上。对工作他们全力一赴；对生活勇于承担责任；对朋友他们会尽仁尽义。他们会把生活扮得多姿多彩，将生命活得有滋有味。

人生的光荣在于屡败屡战

拿破仑有句名言："人生的光荣不在于永不失败，而在于屡仆屡起。"是的，只有屡仆屡起、永不认输的人，才有资格走上人生的领奖台。只要站起来比倒下去多一次，就是成功。永不认输的人，你可以消灭他，却没法打败他。只要有机会，他总有一天会翻身而起。

在我们成长的过程中，没有人总是一帆风顺，无论谁都会经历磕磕绊绊，大大小小的挫折、失败不计其数。

历史上还有不少这样的例子，有一些杰出人物等到丧失了一切的境地，才激发出勇气来寻找生命的出路，或是等遇到了极大不幸与灾祸，甚至到了绝望而进退两难的境地，才会竭尽全力来打开新的出路。时代造就英雄。伟大人物是由需要创造出来的，这些人为了战胜一切困难，为了克服种种艰苦，才发挥出他们极大的力量，成了名垂史册的人物。

下面是一个经常失败者的简历：

9岁的时候，母亲去世；

22岁的时候，经商失败；

第六章 正视挫折，你一定可以打败困难

23 岁的时候，竞选州议员落选，同年，工作丢了，想就读法学院，但未获入学资格；

24 岁的时候，向朋友借钱经商，1 年后，再次破产，接下来，他花了 16 年时间才把债还清；

25 岁的时候，再次竞选州议员，这次赢了；

26 岁的时候，订婚后即将完婚时，未婚妻死了；

27 岁的时候，精神完全崩溃，卧病在床 6 个月；

29 岁的时候，争取成为州议会议长没有成功；

34 岁的时候，参加国会大选，又落选了；

37 岁的时候，再次参加国会大选，这次当选了，在华盛顿特区表现可圈可点；

39 岁的时候，寻求国会议员连任失败；

40 岁的时候，想在自己州内担任土地局长的工作，遭到拒绝；

45 岁的时候，竞选美国参议员落选；

47 岁的时候，在共和党内争取副总统的提名，得票不足 100 张；

51 岁的时候，当选美国总统。

他就是美国历史上最伟大的总统之一的亚伯拉罕·林肯。林肯一生都在面对挫败，他曾绝望至极，但从未放弃人生这场跳高比赛，屡败屡战，最终成为"不为困难所吓倒、不为成功所迷惑的人……一位达到了伟大境界而仍然保持自己优良品质的罕有的人物"。

屡败屡战、经历数次失败的我们，最惨也不过再次回到零点，从头再来，但再次起跑的我们已经不是原来起跑线上的我们了，至少我们经历过失败，接受过挫折，前面的失败已经为再次的挑战打下了坚实的基础，我们不会在同一个地方摔倒两次，不会为同样的问题犯第二次错误，不会再重蹈覆辙，这就是经验。

人生最大的光荣不在于永不失败，而在于屡败屡战。尼克松在总结

他一生中6次失败时说:"我追求成功比失败多一次,这就足矣。"

日本有一位武士,成名之前屡遭败绩,比武经常被打败,做生意连连赔本,因为他的潜意识中一直隐藏着一片无法除去的阴影——手相说明他不但事业无成,穷困潦倒一生,而且短命。他就在这个咒语一样的阴影中生活了很久,他不知道自己的生命还会不会有起色。

但是,就是在屡遭挫折的情况下,他仍然抱着一丝希望。他常常看着自己的手相很久,他怀疑这样一种天生的纹路就是命运之神为他书写下的冥冥之中诠释了他的一生的密码。

就算这是他生命的全部解释,那么如果密码发生改变,他的命运也应当会改变。他灵机一动,用匕首将手掌心的纹路统统做了一番手术。这样一来,按照手相的解释,他不但可以"赚大钱,成大事,甚至还可以称王"。

此后,他的心灯亮了,他不再被那个决定命运的阴影控制。尽管生活中还是有很多挫折,但他并没有屈服,终于在坚持不懈地努力之下,他开始收获成功,最后成为了富甲一方的人,成就了一番引以为傲的事业。

成功拼搏的路上,你不可能不遭受挫折,一个自信的、意志坚强的人,他可能做不到屡战屡胜,但他完全可以做到屡败屡战。无数次地拼搏,胜利总有一天属于他。

不要被厄运打倒

人生的路上,总是充满了荆棘。如果你陷入困境仍在犹犹豫豫,那只能越陷越深。勇敢者头脑中的道理很简单:无论争取成功还是摆脱逆

第六章 正视挫折，你一定可以打败困难

境，只有一个办法，那就是告诉自己没有什么不可能，未知的也并不可怕，只要走下去，就是成功。生命借助挫折而不断强大，成功由压力制造出来。

第二次世界大战中，一位美国海军军官在一次战斗中身负重伤，双腿无法站立。为了挽救他的生命，舰长派一个海军下士驾小船将他送往战地医院。在黑暗中，小船漂流了4个多小时，不幸迷失了方向。掌舵的下士失去了信心，要开枪自杀。正在流血的军官却很镇定地劝说他："你别开枪，我有一种神秘的预感，我们一定能够靠岸。千万不要放弃，绝望的时候更需要一点耐心！"那位下士被他的话所打动了，他缓缓放下了手中的枪。

话音刚落，突然向敌机发射的高射炮火光冲天，他们发现小船离码头不远了。

与其说是高射炮的火光救了两人，还不如说是绝望之中对生命渴求的欲望救了他们。

当你遭受厄运的时候，坚强与懦弱是成败的分水岭。懦弱的人选择放弃，当然，放弃再容易不过了，只要不再挣扎、不再努力，随波逐流就可以。但是，坚强的人却不肯向厄运屈服，他们要坚持到底，尽管坚持要比放弃艰难1万倍。他们顶风而行，跌倒了再爬起来，每一步都走得十分艰难。坚持到底的人总是很少，但正因为坚持着顶过了困难，他们的结局也非常辉煌。

坚持的前提是具有矢志不渝的信念，而信念则需要更持久、更顽强的耐心来维持。对于一个想走出困境、迈向成功的人来说同等重要，坚持、信念、耐心，缺一不可。

当一个人的意志变成了一块顽石时，没有什么可以打败他，更没有什么可以吓倒他。无论陷入什么样的困境，他都能够永远立于不败之地。

"野火烧不尽，春风吹又生"这句诗之所以千古流传，是因为它向人们阐述了一个生命力的概念，其寓意远远超出了诗句表面的"诗情画意"。

一个名叫保罗的小伙子从祖父手中继承了一片森林庄园，可是，没过多久，一场雷电引发的山火就将其化为灰烬。面对焦黑的树桩，保罗感受到了从未有过的绝望。但是年轻的他不甘心百年基业毁于一旦，决心倾其所有也要修复庄园，于是他向银行提交了贷款申请，但银行却无情地拒绝了他。接下来，他四处求亲告友，但依然是一无所获。

所有可能的办法全都试过了，保罗始终找不到一条出路，他的心在无尽的黑暗中挣扎。他知道，自己以后再也看不到那郁郁葱葱的树林了。为此，他闭门不出，茶饭不思，日渐消沉，他甚至后悔当初不该从爷爷手中继承这份遗产。

一个多月过去了，他的外祖母获悉此事，意味深长地对保罗说："小伙子，庄园成了废墟并不可怕，可怕的是你的眼睛失去了光泽，一天天地老去。一双老去的眼睛，怎么可能看得见希望呢？"

保罗在外祖母的劝说下，一个人走出庄园，走上了深秋的街道。他漫无目的地闲逛着，在一条街道的拐角处，他看见一家店铺的门前人头攒动，他下意识地走了过去。原来，是一些家庭妇女正在排队购买木炭。那一块块躺在纸箱里的木炭忽然让保罗眼睛一亮，他看到了一线希望。

在接下来的两个多星期里，保罗雇用了几名烧炭工，将庄园里烧焦的树加工成优质的木炭，分装成箱，送到集市上的木炭经销店，结果，木炭被一抢而空，他因此得到了一笔不菲的收入。不久，他用这笔收入购买了一批新树苗，一个新的庄园出现了。几年以后，森林庄园又渐渐恢复了它原有的生态。

人很多时候是一种懒惰的动物。这种懒惰表现在：满足现状，不思

第六章 正视挫折，你一定可以打败困难

进取。当人们习惯了风平浪静、按部就班的日子之后，他们甚至不想去做一丁点儿改变，不愿去承担风险。当一个人觉得日子平安而满足，他便不会去想更多的新问题，对日渐逼近的危机也不太在意。

然而，一旦大难临头，事业全面崩溃，他便感受到了绝望。他不肯相信平淡的日子会有翻天覆地的变化，以前所有的依赖、满足和美好的指望统统被删除了，他只有认输。

其实，换个角度想，当你一无所有的时候，你是最没有负担的，当你走投无路时，你没有选择，只能自己去找出一条可以走的路来。

一张白纸可画最新最美的图画。所以，厄运有时候是对你日渐形成的惰性的一个提醒、一个警示，让你的生命力重新复活，并在这种苏醒的生命力的召唤下，激发出体内的潜能，让你重新认识自己、发现自己。

每一个问题的后面都隐藏着一条出路，只不过你要首先破解问题这道关才会发现它。这需要超凡的勇气。潜能、勇气和才智是一种比较矜持的东西，只有在巨大的压力下，面临走投无路的紧要关头，它们才会姗姗来迟。

此路不通，你必须寻找它途。面对百丈悬崖峭壁，哀叹不是办法，你需要找到一条崭新的路。即使那是一条你以前从未走过，并且一直以为不可能走通的路，或者是一条以前你根本不相信它会存在的路，你也要让自己去努力寻找。

地球的原始面貌，有山有水有树木，什么都有，就是没有人们所说的路。路非自然形成的结果，而是人踩出来的，任何一条路都有一个伟大的开辟者。是他，勇敢地闯入高山森林，劈荆斩棘，开辟出了一条路。

陷入逆境就类似一个人被高山密林阻挡住了前进方向，后退只能死亡，只有向前闯，靠勇气开辟一条属于自己的新路，才能够走出重围。

生存的欲望乃生命力之源，只要这种欲望不灭，生命力就会顽强地存在下去，并发展和繁衍。富于挑战性的人，往往会将自己的超常设想置于危险的边缘。因为他知道，只有这样的成功才是独一无二的，而只有独一无二的创新才会带来意想不到的惊喜和财富。

能挺住就是胜利

人生注定要有所追求，无论哪种形式上的成功，都是生命的需要。只有如此，生命才会有意义，才不会因无所适从而枯萎。然而，成功总是与艰难并行，选择成功即等于选择了艰难。如果你认清了这个道理，那么，艰难险阻对你而言就成了家常便饭，无论遇到什么样的艰难，你都要挺住，都不要放弃希望。

生活中渴望成功的人很多，对于这些人来说，他们并不是没有机会，也并不是没有资本，他们缺乏的往往是成功最需要的意志力。他们对于一些人生必经之困难往往缺乏"挺住"精神，因此他们输掉了人生、输掉了世界。"困难像弹簧，你弱它就强。"著名诗人里尔克也曾经说过："有何胜利可言，挺住便是一切。"是的，"挺住"便能拥有一切——人生就好比一场拳击比赛，充满了躲闪与出拳，如果足够幸运，只需一次机会、一记重拳而已，但首要的条件是你必须得顽强地站着，这就是"挺住"精神。

许多人曾说过这样的话："为了成功，我尝试了不下上百次，可就是不见成效。"真的是这样吗？别说他们没有试上 100 次，即便是试上 10 次都颇令人怀疑。或许有些人曾试过 8 次、9 次乃至 10 次，但因为没有看到效果，就放弃了再试的念头。然而，谁又能说，下一次尝试就

第六章 正视挫折,你一定可以打败困难

不能有收获呢?如果你真的具有敢去尝试的心态,坚持下去,你就一定可以成功。

从某个角度来说,你的失败是因为你要获得成功的条件还有欠缺,还需要更多的东西、更多的努力。这个道理可用来说明我们的问题。重要的是,你该把所有必要的部分加到整体上去。欧几里德就曾说过:"整体的东西等于所有各部分的总和,而大于任何一部分。"

戴高乐曾经说过:"挫折,特别吸引坚强的人。因为他只有在拥抱挫折时,才会真正认识自己。"

1918年,刘美文从军队复员回家,他办起了一家电池公司。可是无论他怎么努力,产品依然打不开销路。有一天,刘美文离开厂房去吃午餐,回来只见大门上了锁,公司被查封了,刘美文甚至不能再进去取出他挂在衣架上的大衣。

1926年,刘美文又跟人合伙做起收音机生意来。当时,全美国估计有3000台收音机,预计两年后将扩大100倍。但这些收音机都是用电池做能源的。于是他们想发明一种灯丝电源整流器来代替电池。这个想法本来不错,但产品还是打不开销路。眼看着生意一天天走下坡路,他们似乎又要停业关门了。此时刘美文便通过邮购销售的办法招揽了大批客户。他手里一有了钱,就办起了专门制造整流器和交流电真空管收音机的公司。可是不出3年,刘美文又濒临破产了。

这时他已陷入绝境,只剩下最后一个挣扎的机会了。当时刘美文一心想把收音机装到汽车上,但有许多技术上的困难有待克服。到1930年年底,他的制造厂账面上已净亏374万美元。

刘美文在挫折面前没有气馁,经过多年的不懈奋斗,刘美文终于把他的收音机装在了汽车上,生意上大获成功。如今的刘美文早已腰缠万贯,他盖起的豪华住宅就是用他的第一部汽车收音机的牌子命名的。可见,那些跌倒了再站起来、掸掸身上尘土再上场一拼的人,才会在事业

· 121 ·

上获得成功。

通向成功之路并非一帆风顺，有失才有得，只要我们拥有积极的心态去努力拼一拼，才不会被挫折打倒。其实，谁都有面临困难与逆境的时候，关键是看我们如何去面对。有些人在逆境中永远消极，做一个永远的失败者；而有些人却能够积极地面对逆境，冲出重围，走向成功。

一个农场主不慎将一只名贵的金表丢失在谷仓里，他在那里边翻腾了大半天，结果还是没找到。于是他就在农场门口贴了一张告示：凡是找到金表的，奖赏100美元。

面对如此的诱惑，人们纷纷涌入谷仓竭尽全力四处查找，无奈谷仓内谷子堆成山，还有成捆成捆的稻草，想在其中找回金表几乎是不可能的。

太阳落山了，金表还是渺无踪迹。大家费尽心机，一无所获，开始纷纷抱怨金表太小，谷仓太大，稻草太厚。天渐渐暗了下来，更是无法寻找了，寻找金表的人于是一个个放弃了100美元的诱惑。

但是，一个衣衫褴褛的小男孩毫不气馁，在人们一个个离开之后，他继续在谷堆里寻找着。他已经整整一天没吃饭了，但是，为了帮助家里解决一点生活困难，他还是渴望能找到金表，让父母和兄弟姐妹吃上一顿饱饭。

夜已深了，男孩也累了，他躺在稻草堆里想要歇息一会儿。周围静了下来，突然，男孩听到了一个滴答滴答的细微的声音。男孩兴奋极了，他屏气敛息，仔细倾听着谷仓内的声音。终于，他循着声音找到了埋藏在稻草堆里的金表，最终得到了100美元的奖赏。

人生的希望常常不以光彩夺目的形象出现，不能一下子便抓紧了你的眼球，吸引了你的主意，它有时就是那个若隐若现的声音，要耐心去寻找才能发现。只要你能够挺住，坚持到最后，必有所获。

第六章 正视挫折,你一定可以打败困难

逆境可能是成长的阶梯

《孙子兵法》上有句话叫做"置之死地而后生",也就是说,当自己陷入绝境中,往往可以创造出奇迹。人们身处逆境时,并不代表必死无疑,相反,人在面临危险、绝望之际,往往会爆发一股无穷大的威力,因此会取得出人意料的成功。这时候,逆境不再是进步的绊脚石,反而是成长的阶梯。

打牌的人都有这样的经历,如果摸到一副很差的牌,就会从心底失去赢的信心。其实,人生就好比打牌,不可能每次运气都那么好,把把摸到好牌。但即使是摸到一副坏牌,也要努力把它打好,哪怕只有1%的希望,也要尽100%的努力。只有这样,才能为自己赢得机会。

帕特·奥布瑞恩是美国著名的电影明星,成名前,他只是一个小小的话剧演员。他银幕生涯的转折点源于一件小事。

1903年,帕特·奥布瑞恩在纽约参加一出名叫《向上,向上》的话剧演出。其中有一段是帕特与两个怒气冲冲的人争执不休的表演,他们一个是通过电话与他争吵,一个是在桌边和他争吵。

但这出话剧并没有获得预期的效果,观众的反应很冷淡。不得已,剧团只能将演出场地搬到一家很不显眼的小剧院。演员的薪水也因此大大削减,大家都觉得前途一片黯淡。帕特也觉得前途渺茫,每天晚上,他都在为自己的角色发愁。观众那么少,即使演得再努力、再精彩又有什么意义呢?很多次,他都想放弃,或者放低对自己的要求,随便表演算了。

但多年的素养,让帕特养成了"凡事尽力而为"的习惯,因此每

· 123 ·

一次演出，哪怕观众再少，他也绝不放低要求，而是全身心融入到角色中，以至于每次从场上下来，他总是满身大汗。

就这样过了几个月，正当其他演员都心灰意冷的时候，帕特却突然接到一个电话，邀请他参加电影《扉页》的拍摄。这简直是喜从天降。原来，一个偶然的机会，《扉页》的导演刘易斯·米尔斯顿看了《向上，向上》的演出，帕特的表演技巧，特别是他在桌边与人争吵的那一幕，给米尔斯顿留下了深刻的印象。恰好《扉页》里有类似的一场戏，于是他立即想到了帕特。这个角色，也成为了帕特走向荧幕并被越来越多观众熟悉和喜爱的起点。

谁都不知道机会将在什么时候到来，要想不错过它，唯一的办法就是时刻保持最佳状态。今天所走的每一步、所做的每一件事，都为明天埋下了伏笔。今天的所作所为，决定着每个人的明天。所以，哪怕摸到再坏的牌，也要用平常心对待，不抱怨、不气馁，而是要尽力将它打好，因为每一次出牌，都与结果息息相关。

禅宗中有这样一句话："顺境逆境，都是增上缘。"也就是说，无论是顺境还是逆境，都是帮助我们成长的好因缘。顺境能帮助人成长或许不难理解，但对于逆境也能成为成长的契机，很多人或许会心存疑虑。

其实，顺境和逆境并没有完全的界线，事事顺利但不懂得把握和珍惜，那么顺境之中可能隐藏着灾难，从而变成逆境。相反，逆境中懂得换一个角度看问题，那么逆境也能成为顺境的开端。

有人问一位登山专家："如果我们登山时，在半山腰突然遇到大雨，应该怎么办？"

登山专家说："你应该向山顶走。"

那个人觉得很奇怪，不禁问道："为什么不往山下跑？山顶的风雨不是更大吗？"

第六章 正视挫折,你一定可以打败困难

登山专家说:"往山顶走,固然风雨可能会更大,但它却不足以威胁你的生命。至于向山下跑,看来风雨小些,似乎比较安全,但却可能遇到爆发的山洪而被活活淹死。对于风雨,逃避它,你只有被卷入洪流;迎向它,你却能获得生存!"

很多时候,我们在生活中都面临着这样的处境,迎面是肆虐的风雨,我们本能的选择就是要逃离,但是,逃离往往会让我们走进更大的危险之中,只有迎上去,经历风雨,我们的人生才能够更加辉煌、更加美丽。

破甑尽可以弃之不顾

印度诗人泰戈尔说过:"如果你为错过太阳而流泪,你也将为错过繁星而黯然神伤。"已经错过的事情,就应该让它过去,一味地懊悔,只会让你错过更多。人的生命是很短暂的,没有多少生命可以被浪费在后悔和悲伤上。面对无法挽回的事实,我们要有决绝的勇气,继续前行,而不是独自哭泣。

任何人的成功之路都并非坦途,而是充满了挫折和困难,如果没有豪迈旷达的精神,没有放得开的心态,就很难获得最后的成功,因此一个成大事的人也一定是一个拥有坚忍心态的人。

《后汉书》记载了这么一个故事:曾经有位大儒背个甑去街上卖,一不小心给摔破了,结果他头也没回地走了。路人很奇怪,大叫:你的甑破了!他说:我知道。但甑已破,回头看又有何用?

在 20 世纪的国际政治舞台上,英国杰出女政治家"铁娘子"撒切尔夫人是当之无愧的风云人物,她向世人展示了她独有的"铁"的心态。她用一种执著的精神，强硬的工作作风征服了整个英国政坛。

在英国现代政治史上，撒切尔夫人作为唯一一位女性首相，其影响和地位特别引人注意。"铁娘子"究竟是什么样的女人，真的像铁一样冷酷无情吗？答案是否定的。

铁娘子"铁"在百折不挠的迷人个性上，她坚忍不屈、坚强刚毅不仅在英国政界，而且在国际政治舞台上也是赫赫有名的。如果人们对撒切尔夫人得名"铁娘子"的背景能够真正了解，那么便不难理解"铁娘子"的全部内涵，真正理解她"铁"一样坚强的心态特征。

撒切尔夫人原名玛格丽特·希尔达·罗伯茨。

玛格丽特是保守党内的活跃分子，1946年被推选为保守党俱乐部主席，后来正式加入保守党。她深受保守党的政治熏陶，钦佩丘吉尔首相，立志要做丘吉尔那样的人。但她也知道，在英国这样一个传统观念浓厚的国度里，一个女人要想跻身政界，获得一席之地是非常困难的。

1951年，玛格丽特同丹尼斯·撒切尔结婚，正式成为撒切尔夫人。但她却以自己坚忍不屈、永不言败的心态，获得了英国政坛的首相之位。

1975年，撒切尔夫人竞选保守党领袖成功，也理所当然地成为了下届首相的候选人。如果她竞选成功，她将成为英国历史上第一位女首相。英国是个特殊的国家，国王是国家的象征，政权的实体在首相府。玛格丽特·撒切尔树立了必胜的信念。投身政界是她终身为之奋斗的目标，为了达到这一目标，撒切尔夫人对自己进行了相应的"外包装"。

在竞选演讲中，撒切尔夫人克服了自己平时讲话时语言的尖刻傲慢，为此她进行了耐心细致的练习，讲话采用低调，并以一种让人感到亲切的声音表达自己的主张。

竞选的结果是保守党获胜，撒切尔夫人也理所当然地成了英国历史上第一位女首相。在英国历史上，前后共产生过6位女王，但上下两

第六章 正视挫折,你一定可以打败困难

院、政府都是清一色的男人,女人当首相,而且还能博得"铁娘子"之誉,在英国历史上是第一次。这完全是撒切尔夫人坚强不屈、顽强拼搏的结果。

在她连任首相后不久,爱尔兰共和军在保守党开会的旅馆放了炸弹,想炸死撒切尔夫人。炸弹爆炸时,撒切尔夫人离爆炸地点仅几步之遥,整座5层楼房被炸毁。但她毫无退缩之意,以顽强的毅力面对一切困难。

在她做首相进入第11个半年头时,她大选失利。面对失败的结局,她不可能不感到沮丧、悲伤,尤其是作为对政治情有独钟的职业政治家,撒切尔夫人在得失面前表现了高度的自制力,人们对撒切尔夫人的辞职演讲给予了很高的评价,认为这是第二次世界大战结束后最长时间吸引议院听众的一次演讲。面对无法挽回的结局,撒切尔夫人仍然以她那动人的声音抓住听众的心。也许撒切尔夫人无意制造最后的轰动,但她在十分痛苦的时刻所表现出的克制力、自制力,的确让人们真正地领略到了一个个性坚忍的女首相的风采。

面对无法挽回的损失,积极的心态能充分调动出心灵的巨大能量和智慧,使你能尽快调整过来;相反,消极的心态则阻碍了心灵能量和智慧的发挥,它会让你四处碰壁,会让你的人生变得黯淡无光。所以,请不要回头顾念已经破掉的甑,昂起头向前吧。

心不死就有希望

天助自助者。只要还相信有希望,就会有奋斗,就会有机会。最悲惨的就是万念俱灰。一些人在连续遭遇挫折后,失去了自信心,经历了多次众叛亲离，以致最终绝望。其实，人在低谷的时候，只要你抬脚走，就会走向高处，这就是否极泰来；如果你躺下不动了，这就是坟墓。

时运不济，人人都可能遇到，一辈子都没有受过挫折的人是很少的。

杜克·鲁德曼是一个年过60岁的老人。他自认为是一个遭受失败最多的人。他热衷于石油的开采，他说他一生中每打4口井，就有3口是枯井。可是他依然从逆境中走了出来，成了一个身价超过两亿美元的富翁。杜克·鲁德曼自己回忆说："当年我被学校开除后，就跑到德克萨斯的油田找了一份工作。随着经验的逐渐丰富，我便想自己当一名独立的石油勘探者。那时候，每当我手里有钱了，我就自己租赁设备，进行石油勘探。在连续的两年里，我一共打了将近30口井，但全部是枯井。当时，我真的是失望极了。"杜克·鲁德曼的确陷入了困境，将近40岁了，依然一无所成。但是，他不但没有被逆境压倒，反而更加勤奋努力。他开始研读各种与石油开采有关的书籍，获得了丰富的理论知识。等理论知识掌握得非常充分的时候，他卷土重来，租好设备，找好地皮，进行又一次石油开采。这一次他没有遇到枯井，看到的是汩汩的石油。

每一种挫折或不利的突变，都带着同样或较大有利的种子。最危险的时候，也就是你的爆破力发展到最大限度的时候。任何事情都是多方面的，我们看到的只是其中的一个侧面。

小武虽然是个"天之骄子"，但许多时运不济的事还是让她碰上了。考大学那年，国家正好试行收费制，4年下来，她比早考上一年的人整整多花了8000元。4年后，她毕业了，谁知国家在分配上又实行双向选择。最后虽找到了工作，可是一年后，又赶上单位大裁员，她下岗了。她先后又干了几份工作，但都做不长久就被辞退了。

第六章　正视挫折，你一定可以打败困难

小武开始自我反省，如此失败也许是没有为踏入社会做好准备。她并没有沮丧，选择了从头再来。经过深思熟虑，她去了滨海的一个农场，利用所学的知识，专门种植荷兰的一种郁金香。后来，这种花在几个大城市供不应求。小武第一年的纯收入就超过了7万元。

小武的经历告诉我们，在时运不济的时候，每个人都可以有两种选择：一是怨天尤人，一是活得更起劲。只要你能审时度势，自强不息，总有一条很宽广的路是为你准备的。

失败不可怕，就怕心死。

秦朝灭亡以后，项羽和刘邦为了争夺天下，开始了长达4年的征战，历史上称为汉楚相争。

当时，项羽手下一支最精锐，也最受他信赖的部队，是他和叔叔项梁在吴中（今江苏吴县）一带组织的八千子弟兵。这些子弟兵中有许多是他们的好朋友，十分勇敢善战。项羽就是以这八千精兵为基础，将楚军逐渐发展成一支强大的队伍的。

根据当时形势来看，项羽的兵力强于刘邦，本来可以打败刘邦的，但他没有知人之明，刚愎自用，骄傲轻敌，结果在垓下中了刘邦手下大将韩信的埋伏，吃了一个大败仗。他手下的10万名楚兵死的死，逃的逃，最后只剩下八千江东子弟兵守着他。

项羽在四面受敌的情况下，带着江东子弟兵突围，往南逃到了乌江。这时，前有浩瀚的乌江，后有韩信的追兵，而他的身边，只剩下28骑了。在这危急的情况下，乌江亭长撑着一只渡船靠岸，对他说："江东虽小，但仍有千里之地，还可以在那里称王。现在只有我这里有船，你赶快过江，汉军就是追到，也是无法过江的。"

可是项羽不肯上船，他苦笑着说："这是老天叫我死，我怎么能渡江而走呢？况且当初我带领江东八千子弟渡江西进，如今没有一个人活着回去。即使江东父老可怜我、宽恕我，我又有什么脸去见他们呢？"

说完，他把自己的乌骓马送给亭长，表示谢意。当汉军赶到，项羽又连杀数十人，才在乌江边自刎而死，年仅 31 岁。

后来，唐朝诗人杜牧有一次来到项羽自杀的乌江边，想起项羽和他的八千子弟兵的英勇和失败，十分为项羽惋惜，认为项羽当时如果渡江而去，也许还有机会卷土重来，于是在乌江亭上题了一首诗："胜败兵家事不期，包羞忍耻是男儿。江东子弟多才俊，卷土重来未可知。"

杜牧没有看到的是，项羽虽然还有雄霸一方的资本，但他的心已经死了。刘邦曾经屡次被项羽击败，落荒而逃，但他从不认输，每次都能卷土重来。相比之下，项羽可谓一蹶不振。这就告诉我们，成功，必须要有百折不挠的斗志。只要心不死，只要你还在奋斗，那么，希望的灯火就不会熄灭。

面对挫折，逃避就是认输

不经历风雨，怎能见彩虹？挫折困苦的滋味虽然难受，但挫折中包含着胜利的元素。承认失败，忍过挫折困苦的冲击，才能东山再起。对于那些善于学习的人来说，挫折困苦是对意志的洗礼，是对经验的丰富，是对谬见的纠正，每一次挫折都代表着向胜利前进了一步。当你登上成功的顶峰时，回望之前经历的挫折困难，你会发现它们都是有意义的。

成功学大师拿破仑·希尔曾经指出，因为下面这三个原因，失败往往能够转化为成功的基石。第一，失败可以打开新的机遇大门，迎来新的人生机会；第二，失败可以给骄傲的人注入一针清醒剂；第三，失败可以使人知道成功需要什么样的方法，而什么方法是错误的。

第六章 正视挫折,你一定可以打败困难

基于上面三个原因,我们应该知道,失败带来的逆境并非都是坏事。只要我们在逆境中找到动力,对我们获得成功是很有帮助的。

逃避是懦弱的表现,并且不可能解决问题,反而会让事情越来越糟。因此,必须学会直面现实,勇敢地解决出现的问题。

A 君是某公司经理,一次,他的一个助手出了一个纰漏,给公司造成了损失,六神无主的助手找到 A 君,表示要辞职。这时,A 君给他讲了一个藏在心里已久的秘密:"8 年前,我受雇于一家建筑公司当业务员,由于我的勤劳能干,大量欠款源源不断地收回,公司颓败的景象颇有改观。老板也很赏识我,几次邀我到他家吃饭。就在这时,他唯一的女儿悄悄地爱上了我,常常送一些精美的小玩意儿给我。我起初不敢接受,后来碍于情面只得收下。就这样过了两年,当有一天我告诉她我不能再给予她太多时,她一气之下寻了短见。

"她的 3 个哥哥咆哮不止,扬言非要我偿命不可。那时我手里已有了为数不少的积蓄,很多人劝我一走了之。我没有这样做,心里只有一个念头:事因既然在我,我必须回去面对这一切,是死是活,无关紧要。"

"当我走进她的家门,一群人向我扑来,可她的父亲——我的老板向其他人摆了摆手,走上来紧握着我的手,良久才缓缓地说了这么一句话:'一个女人愿意为你献身,说明你是一个不同凡响的人;你敢来面对这一切,说明你是一个有血有肉的人。'"

A 君的话给了他的助手很大触动,他决定留下来,接受董事会的裁决。结果,董事会认为他敢于面对问题,只是扣了他两个月奖金。

故事中 A 君明知老板家等着他的是一场暴风雨,却没有因此一走了之,而是勇敢地去面对,这种精神值得我们每个人学习。生活中,当一些困难的事或令人痛苦的事发生时,很多人都习惯于逃避,然而事实就是事实,已经发生的不可能再改变。逃避、不敢面对其实就是在自我

· 131 ·

欺骗，这样只会使人变得更痛苦。而且一旦逃避成了习惯，人就会变得消沉，不再进取，到头来一事无成。

我们在一生中，也常常遇到失败，失败就是这样，你逃避它，它就拼命地追逐你，你面对它，它就会停步。所以说，失败并不可怕，不敢面对它才更可怕。

日本大企业家松下幸之助对此理念阐述得最透彻，他说："跌倒了就要站起来，而且更要往前走。跌倒了站起来只是半个人，站起来后再往前走才是完整的人。"

孟子曾说过："故天将降大任于斯人也，必先苦其心志，劳其筋骨，饿其体肤，空乏其身，行拂乱其所为，所以动心忍性，曾益其所不能。"面对挫折，汲取教训，再接再厉，挫折就是你进步的阶梯，而选择了逃避，就是彻底认输了。成功的道路，决不是遇上挫折就认输的人能走通的。

走投无路时，坚持助你柳暗花明

人生是一个不停遭遇困难并解决困难的过程，这个过程时而短暂、时而漫长。而当你面对这些不利境况的时候，唯一能做的就是坚持——挺过生命的低谷期，挺过走投无路的艰难期，唯有能挺住，才能让你看到"柳暗花明又一村"的精彩。

世界电器之王松下幸之助，将松下电器公司从一个只有3人的小作坊做成了一个拥有职工5万人的跨国大集团。虽然经历很多次经济危机的严重冲击，但是它还是在世界电器行业稳稳地站住了脚跟，而很多同行的、非同行的企业却濒临倒闭。人们在惊叹松下幸之助传奇经历的时

第六章 正视挫折，你一定可以打败困难

候，是否也应该惊叹他善于"挺"的能力呢？就如《松下幸之助创业之道》前言中所说的那样"坚持＝成功"。

1898年，松下幸之助4岁，原本殷实的家境开始没落，经济变得非常拮据。面对生活带给自己的考验，松下幸之助没有退缩，努力做自己力所能及的家务活。

同年，松下幸之助的大哥、二哥和大姐先后因病逝去，松下幸之助被迫辍学，到大阪一家做火盆买卖的店里当学徒。他依然没有被生活的残酷所吓倒，而是勤学好问，做好自己的本职工作。

松下幸之助创办松下电器公司之初，所有的钱加在一起才只有100日元，支持他的总共有4个人：两位老同事森田延次郎、林伊三郎，加上他的妻子和内弟井植岁男。资金不足、人员不足是摆在面前的实实在在的困难。同样，松下幸之助没有退缩，他选择了接受现实：用100日元和5个工人创办了自己的企业。后来，因为经营不善，两位老同事相继离去，只剩下松下幸之助夫妇和内弟3个人仍苦苦地支撑着，艰难地挺过一天又一天。

终于在坚持中，松下幸之助迎来了第一个订单——1000只电灯底座……随后的道路开始步入正轨。

现在回想那段时光，松下幸之助深有感慨地说："那段时间真是异常艰难，甚至连最起码的生活都成问题。"事实确实如此：从1917年4月13日起到1918年8月止，松下幸之助共十几次将他夫人的衣服、首饰等物品送进当铺抵押借钱以维持自己企业的运转。

回想一下松下幸之助的创业之路，他的成功得益于他的坚持。否则，现在就没有了松下，世界上的人也不知道日本有个松下幸之助。

从松下幸之助的身上，我们明白一个道理：成功是"坚持"出来的。将这个道理放到普通人的普通生活中同样具有现实意义：有的人因为善于"坚持"，最终减肥成功了；有的人善于"坚持"，锻炼身体的

习惯养成了……

虽然我们没有松下幸之助的传奇，但是我们同样可以挺住，同样可以因为坚持而获得成功。那么如何做到呢？

首先，培养自己的兴趣。与其说兴趣是最好的老师，不如说兴趣是最大的动力。很多人之所以半途而废是因为他的兴趣不在于此，这样就很容易产生"退堂鼓"心理。因此，要想让自己"挺住"，首先就要培养对这件事情的兴趣，加强对这件事情意义的理解。

其次，树立明确的奋斗目标。有了明确的目标，奋斗就有了方向，就像是风雨茫茫的海上亮起了一座灯塔，指引着航船的方向。有了奋斗的目标，就能避免很多时间和精力上的浪费。

第三，不断地鼓励自己。处在生命低谷的时候，自我鼓励是最有效的方法。千万别幻想依靠别人的鼓励来产生勇气和力量，因为往往在那个时候，你的朋友都不在你的身边。所以，不妨在墙上贴满励志标语，不断地告诉自己你是最厉害的；或者找个僻静的地方，痛快地流泪；或者拼命地去看成功人物的传记、用运动来强化意志，忘却沮丧……总之，要不断地鼓励自己，让自己挺过生命的低谷期。

最后，时刻给自己描绘美丽的前景。纵观很多人的失败，不是因为没有能力，不是因为没有机遇，而仅仅是因为看不到前景而迷失了方向，轻言放弃。就像那些对现实生活绝望的人一样，因为看不到明天、看不到希望而选择草率地结束自己的生命。

因此，在你即将放弃的时候，不妨给自己描绘一下美丽的前景，让自己看到美丽的明天，用明天的美丽来唤起今天努力的激情。与其说这是在"诱惑"自己，不如说是在引导自己，引导自己坚持梦想，引导自己挺起胸膛迎接风雨之后的彩虹。

总之，人生一世，难免会遇到一些困难，难免会走入一段生命的低谷，如果这个时候你不坚强，不学会坚持，那么你的生命便毫无希望可

第六章 正视挫折，你一定可以打败困难

言，你看到的永远都是"山重水复疑无路"的绝望，而看不到"柳暗花明又一村"的欣喜。所以，在你即将放弃的时候，告诉自己：坚持一下，胜利就在前方！

永不畏惧，永不放弃

有时候，成功者与失败者并没有多大的区别，只不过是失败者走了99步，而成功者走了100步。失败者跌下去的次数比站起来的次数多一次，而成功者站起来的次数比跌下去的次数多一次。永不放弃有两个原则，第一个原则是：永不放弃；第二个原则是：当你想放弃时回头看第一个原则。

有句很有哲理的话："行百里者半九十。"行程百里的人，走了90里，其实只相当于走了一半。因为剩下那1/10的路程，坚持着的时候，每一分、每一秒都很艰辛，而放弃却非常容易。再比如爬山，已经很累的时候还咬着牙坚持，那往上的每一步都凝结着汗水和泪水，而下山就容易得多。然而，你以前的付出也就随风而去了。

永不放弃是一种力量。在人生的旅程中，这种力量不仅体现在对事业的追求，而且同样体现在对一种精神的追求上。在很多情况下，这种追求甚至比知识的力量更强大。如果不坚持，到哪里都是放弃。如果不坚持，不管再到哪里，身后总有一步可退，可退一步不会海阔天空，只是躲进自己的世界而已，而那个世界也只会越来越小。

在追求成功与开创事业的时候，几乎每个人都不可避免地要遇到失败。那么失败可怕吗？你害怕失败吗？

如果我们害怕失败，那么将一事无成。因为，失败的经历并非都是坏事，也许正如英国小说家、剧作家柯鲁德·史密斯所说："对于我们来说，最大的荣幸就是每个人都失败过。而且，都能从跌倒的地方爬起来。"

通常人们被困难击倒的主要原因之一就是他们自己认为无法抵挡困难，会被困难打败。这就像拳击手上台后发现对手比自己高大强壮就吓晕了一样——你不是被对手击倒的，而是自己把自己打败了！因此我们应该勇敢地向前冲，不去试，你怎么知道会失败？就算失败了又怎么样？

《世界上最伟大的推销员》的作者奥格·曼狄诺说：无论我尝试了多少次，无论我在选定的事业中多么坚忍不拔、表现出色，无论我将付出多么大的代价，挫折与失败还会日复一日、年复一年地如影随形。我们每个人，即使是最刚毅、最具英雄气概的人，一生中的大部分时间都是在失败的恐惧中度过的。

玛格丽特·米契尔是世界著名作家，她的名著《乱世佳人》享誉世界。但是，这位写出旷世之作的女作家的创作生涯并非像我们想象的那样平坦，相反，她的创作生涯可以说是坎坷曲折。玛格丽特·米契尔靠写作为生，没有其他任何收入，生活十分艰辛。最初，出版社根本不愿为她出版书稿，为此，她在很长一段时间里不得不为了生活而操心忧虑。但是，玛格丽特·米契尔并没有退缩。她说："尽管那个时期我很苦闷，也曾想过放弃，但是，我时常对自己说：'为什么他们不出版我的作品呢？一定是我的作品不好，所以我一定要写出更好的作品。'"

经过多年的努力，《乱世佳人》问世了，玛格丽特·米契尔为此热泪盈眶。她在接受记者采访时说："在出版《乱世佳人》之前，我曾收到各个出版社1000多封退稿信，但是，我并不气馁。退稿信的意义不在于说我的作品无法出版，而是说明我的作品还不够好，这是叫我提高能力的信号。所以，我比以前任何时候都努力，终于写出了《乱世佳人》。"

个人心理学先驱艾尔费烈德·艾德勒说："你愈不把失败当做一回事，失败愈不能把你怎么样；只要能保持个人心态的平衡，成功的可能性就愈大。"这是个很有力的建议：连失败都有正面的价值，说不定它还是上帝给予我们的奖赏呢。

美国著名电视节目主持人、畅销书《没错，你做得到!》的作者亚特·林克勒特说："我刚刚步入这个社会时所遭受的打击——在电台刚刚崭露头角时突然被解雇，正是我后来事业成功的基础。"他指出，失败可以毁灭一个人，但也能够成就一个人。对一个意志坚强的人来说，失败恰好提供他最需要的意志，就是由于失败的刺激，才把他推向成功。

人的一生实际上是在进行一场马拉松赛。人生这场马拉松赛漫长、坎坷和艰难，需要忍耐、坚持和奋斗。要在漫漫人生路上取得成就，只能靠恒心去挺、去忍、去拼搏。无论做人、做事、做领导，都需要一种百折不挠的精神。古希腊哲学家苏格拉底说过："逆境是磨炼人的最高学府。"巴尔扎克也说过："困难对天才是块垫脚石，对能干的人是财富，对弱者才是万丈深渊。"逆境有两重性，既可毁人，又可炼人。它能使弱者消沉而自毁，亦能使强者升华而自强。对待挫折和困难，唯有永不放弃，坚持到底，才能让自己感受到胜利的喜悦。

抓住最后一线希望

人生的品质贵在坚持，唯有坚持，才能等来转机。要记住，坚持对双方都是一件困难的事，在你筋疲力尽的时候，对方也是在勉强支持。

当最后一线希望出现的时候，就是出现转机的时候。只有坚持，才能等来这一刻。

人在绝望之际，往往会发现最后一线希望，而且此刻的人，也往往会利用这最后一线希望，达成死里逃生、反败为胜的愿望。

其实，很多最后的一线希望早就存在，只是你平时并未在意。但是，在生死存亡的关键时刻，你对于希望的体会便细微起来，却往往能够把握住这生命里的最后一缕阳光。

最后一线希望常常是极其平凡的：一个朋友、一张纸条、一根木棍或一瓶水。

一位孤身旅游者在大漠中迷失了方向，他口干舌燥，浑身无力，步履越来越艰难，几乎要倒在了如火的焦阳下。在他濒临彻底绝望之际，突然发现衣袋里还有一个梨。他惊喜地喊道："太好了，我还有一个梨，它能救我的命！"

他把那个梨紧紧地握在手中，继续在大漠里行走。望着茫茫无际的沙海，他很多次对自己说："吃一口吧！"可是转念一想："还是留到最干渴的时候吧！"

于是他顶着炎炎烈日，继续艰难地跋涉。就这样，旅游者一直坚持了3天，终于走出了大漠。他久久地凝视着手中的那个梨，它早已经干瘪了，可是他还是把它像个宝贝似地攥在手里。就是这一个梨给了他希望和勇气，他才能走出沙漠，挽救自己的生命。

死神喜欢暗无天日的心境，只要还有最后一缕阳光在照射着你，它就会望而却步；绝望的情绪只能在低洼处弥漫，它像晨雾，一旦遇到阳光和清风就会散去。

洪水泛滥之季，有一个人掉到河里去了，水流湍急，他被水冲向下游。他拼命地在水中抓，想要抓住什么东西来救自己一命，但是手里抓的除了水，什么都没有。

第六章 正视挫折,你一定可以打败困难

他心想:"这下完了,没救了!"正这样想着,他马上就没有力气了,停止了挣扎,慢慢地向水下沉去。

忽然,他看到在不远处的河岸边有一棵树,树枝一直伸到河水里面,如果他可以抱住那棵树,就还有生还的希望。活下去的希望在他心中重新燃起,于是他使出最后的力气挣扎着游到那棵树那里。可是伸到河里的那一截树枝早已枯死了,他刚抓到树枝,就听到"喀嚓"一声,树枝断了。

就在这时,救援的人及时赶到,将他从河中救了上来。事后他说:"要不是心中想着那棵树,我根本等不到救援人员的到来!"他看着手中那截枯树枝,感慨地说,"是它给了我生存的力量!"

黑暗中的粒米之光,对一个深陷绝望之中的人而言,无异于一盏指路的神灯。

常在黑暗中生活的人,夜里捕捉目标的能力要比正常人强 10 倍以上;常在困境中跌打的人,没有一线生机能逃过他的眼睛。

当你把苦难视为苦难,并为此怨天尤人、叫苦不迭时,苦难的数目便会在你的报怨中翻番。

当你把苦难视为一种磨炼,认为它是在造就一个天才、一个强者时,你就会哼出开心的歌并驱淡苦难强加给你的疼痛。

希望之光就是饥渴之时的半瓶水,窘迫之际的 1 元钱,逆境中唯一的一个合作伙伴,绝望时刻仅存的一个梦想。

只要你能抓住那最后一根"救命的稻草",未来仍属于你。

一个商人遭遇了一个拦路抢劫的山匪。商人立即逃跑,但山匪穷追不舍。走投无路时,商人钻进了一个山洞里,山匪也追进了山洞里。

在洞的深处,黑暗中,商人被山匪逮住了,遭到了一顿毒打,身上的所有钱物,包括一个准备为走夜路照明用的火把,都被山匪掳去了。

幸好山匪并没有要他的命,劫去他的财物后,山匪就放了他。两个

· 139 ·

人各自寻找洞的出口。这山洞极深极黑，且洞中有洞，纵横交错。两个人置身洞里，像置身于一个地下迷宫。

山匪庆幸自己从商人那里抢来了火把，于是他将火把点燃，借着火把的亮光在洞中行走。火把给他的行走带来了方便，他能看清脚下的石块，能看清周围的石壁，因而他不会碰壁，不会被石块绊倒。但是，他走来走去，就是走不出这个洞，最终，他力竭而死。

商人失去了火把，他在黑暗中摸索行走得十分艰辛，他不时碰壁，不时被石块绊倒，跌得鼻青脸肿。但是，正因为他置身于一片黑暗之中，所以他的眼睛能够敏锐地感受到洞口透进来的微光，他迎着这缕微光摸索爬行，最终逃离了山洞。

世事就是这样匪夷所思，看似有着无限优势的山匪，却因为火把的照明丢掉了性命，而被黑暗包围的商人则抓住了求生的希望。一个在绝境之中始终不肯放弃努力的人，总会得到上帝的怜悯。

一个学者和一个普通人，他们一个喜爱怀疑，另一个讲究实际。他们两个人在一个很黑的夜晚，在森林里迷了路。这是个非常危险的森林，到处是野兽，树木非常茂密，漆黑一团。学者绝望了，他认定自己必死无疑，而那个普通人却不这样认为，他说："总会找到出路的。"

这时，一场暴风雨突然袭来，乌云里亮起了一道巨大的闪电，就在这一刹那，学者被闪电吓呆了。他大张着嘴巴，绝望地叫道："完啦！"而普通人却借助闪电看见了走出困境的路。

第七章

勇于创新,突破固定的思维模式

唯有创新才能适应多变的世界
学会运用逆向思维
出奇制胜,创新才能成功
主动改变不合时宜的观念
摆脱思维定势的影响
联想是重要的创新方式
没有成功的希望,不如另辟蹊径
放弃错误也是一种勇气

唯有创新才能适应多变的世界

这个世界上唯一不变的就是变化。变则通，通则达。特别在竞争激烈的今天，要时刻站在时代的前沿。创新者通常具有非同寻常的视角，他们会质疑成功背后的假设，挑战旧传统，可能会发现突变的趋势，擅长重组企业的能力与资产用做他途，或善于识别消费者还未表达出来的需求，从而带来增长的机会。

1956年，松下电器与日本生产电气精品的大阪制造厂合资，建立了大阪电气精品公司，开发制造电风扇。当时，松下幸之助委任松下电器公司的西田千秋为总经理，自己任顾问。

尽管这家公司的前身是专做电风扇的，而且后来还开发了民用排风扇。但是相比而言，产品还显得很单一。西田千秋准备开发新的产品，试着探询松下幸之助的意见。松下幸之助对他说："只做风的生意就可以了。"

当时松下幸之助的想法，是想让松下电器的附属公司尽可能专业化，以图突破。可是松下精工的电风扇制造已经做得相当卓越，颇有余力开发新的领域。尽管如此，西田千秋得到的仍是松下幸之助否定的回答。

然而，西田千秋并未因松下幸之助这样的回答而丧气。他的思维极其灵敏，他紧盯住松下幸之助问道："只要是与风有关的，任何事情都可以做吗？"

松下幸之助并未细想此话的真正意思，但西田千秋所问的与自己的指示很吻合，所以回答说："当然可以了。"

第七章 勇于创新,突破固定的思维模式

四五年之后,松下幸之助又到这家工厂视察,看到厂里正在生产暖风机,便问西田千秋:"这是电风扇吗?"

西田千秋说:"不是,但它和风有关。电风扇是冷风,这个是暖风,你说过要我们做风的生意,这难道不是吗?"

后来,西田千秋一手操办的松下精工关于"风"的产品,已经是非常丰富了。除了电风扇、排气扇、暖风机、鼓风机之外,还有果园和茶圃的防霜用换气扇、培养香菇用的调温换气扇、家禽养殖业的棚舍换气调温系统……

创新不是来自天生杰出的个人,而是来自从新奇的视角观察世界——特殊的视角能够发现未曾看到的东西。西田千秋只做风的生意,就为松下公司创造了无数的辉煌。看到别人未曾看到的,想到别人未曾想到的,这就是创新。它需要一个人具备敏锐的眼光和过人的胆识,并理智地付诸于行动,下一个奇迹也许就是你创造的。

事实上,一个企业要提升自己的竞争力,除了员工素质、企业服务及产品、规模拓展及市场占有率外,"创新"也是提升企业竞争力和核心要求之一。

创新对个人的作用一样重大。在竞争全方位的今天,要想立于不败之地,为个人赢得更好的发展,创新是必不可少的。

然而,生活中我们所见还是墨守成规的居多,这是为什么呢?

有科学家曾做过一个实验:将4只猴子关在一个密闭的房间里,每天喂很少的食物,让猴子饿得吱吱叫。数天后,实验者在房间上面的小洞放下一串香蕉时,一只饿得头昏眼花的大猴子一个箭步冲向前,可是当它还没拿到香蕉时,预设机关就泼出了热水,当后面3只猴子依次爬上去拿香蕉时,一样被热水烫伤。于是猴子们只好望"蕉"兴叹。

又过了几天,实验者换进一只新猴子进入房内,当新猴子的肚子饿得咕咕叫,也想尝试爬上去吃香蕉时,立刻被其他3只猴子制止,并告

知有危险，千万不可尝试。实验者再将一只被烫伤过的猴子放出来，换一只新猴子进入，当这只猴子想吃香蕉时，有趣的事情发生了，这次不但剩下的两只被烫伤过的猴子制止它，连没被烫过的半新猴子也极力阻止它。

实验继续，当所有的猴子都已换过之后，仍没有一只猴子敢去碰香蕉。上头的热水机关虽然取消了，而热水浇注的"组织惯性"束缚着进入笼子的每一只猴子，使它们对唾手可得的盘中美餐香蕉奉若神明，谁也不敢前去享用。

这是群体惯性形成的过程。在变化莫测的市场环境中，企业要想赢得竞争优势，就必须学会随着时代的发展变化而迅速调整，否则只能像故事中的猴子那样，在昨天的教训上平白失掉明天的机会。

然而，一些把成功归因于富有竞争力的经营管理模式的企业，面对一切以变化为主题的现实仍高高在上，丝毫不怀疑让自己成功的经营管理模式的价值和适用性，不思更新，固执地运行在"成功经验"的轨道上。结果，由于一成不变，企业昔日的辉煌渐渐蜕变为组织惯性，成为企业生存道路上的羁绊。

学会运用逆向思维

生活中，有些已成定论的道理或是习以为常的思维方式往往对新出现的问题无法解答。这时候，你就需要反其道而行之，从相反的角度来思考问题，探索新方法，树立新思想。逆向思维有时是解决复杂问题的捷径，也是常见的创新方法。

当大家都朝着一个固定的思维方向思考问题时，而你却独自朝相反

第七章 勇于创新,突破固定的思维模式

的方向思索,这样的思维方式就叫逆向思维。人们习惯于沿着事物发展的正方向去思考问题并寻求解决办法。其实,对于某些问题,尤其是一些特殊问题,从结论往回推,倒过来思考,从求解回到已知条件,反过去想或许会使问题简单化。

孙膑是战国时候的军事家,他刚学艺归来时,投奔到魏国。魏惠王有点不相信眼前这个年轻人,就想刁难他。于是,魏惠王对孙膑说:"听说你挺有才能,如你能使我从座位上走下来,就任用你为将军。"魏惠王心想:我就是不起来,你又奈我何!孙膑想:魏惠王赖在座位上,我不能强行把他拉下来,把皇帝拉下马是死罪。怎么办呢?只有用逆向思维法,让他自动走下来。于是,孙膑对魏惠王说:"我确实没有办法使大王从宝座上走下来,但是我却有办法使您坐到宝座上。"魏惠王心想,这还不是一回事,我就是不坐下,你又奈我何!便乐呵呵地从座位上走下来,孙膑马上说:"我现在虽然没有办法使您坐回去,但我已经使您从座位上走下来了。"魏惠王方知上当,只好任用他为将军。

哲学研究表明,任何事物都包括着对立的两个方面,这两个方面又相互依存于一个统一体中。人们在认识事物的过程中,实际上是同时与其正反两个方面打交道,只不过由于日常生活中人们往往养成一种习惯性思维方式,即只看其中的一方面而忽视另一方面。如果逆转一下正常的思路,从反面想问题,便能得出一些创新性的设想。

第二次世界大战以后,晶体管的发明曾引起了一场世界电子革命。这其中的逆向思维起了很大的作用。20世纪50年代,世界各国都在研究制造晶体管的原料——锗。其中的关键问题是要将锗提炼得很纯。日本的专家江崎与助手在长期的探索中,不管怎样小心操作,总免不了混入一些杂质。每次测量其参数,都会发现显示不同的数据。有一次,他想:如果采用相反的操作法,有意地一点点添加进少许的杂质,结果会怎样呢?经实验,当将锗的纯度降到原来的一半时,一种极为优异的半

· 145 ·

导体就诞生了。

逆向思维也是企业经营管理创新中重要的思维方式。逆向性思维具有以下特点：

1. 普遍性。逆向性思维在各种领域、各种活动中都有适用性，由于对立统一规律是普遍适用的，而对立统一的形式又是多种多样的，有一种对立统一的形式，相应地就有一种逆向思维的角度，所以，逆向思维也有无限多种形式。如性质上对立两极的转换：软与硬、高与低等；结构、位置上的互换、颠倒：上与下、左与右等；过程上的逆转：气态变液态或液态变气态、电转为磁或磁转为电等。不论哪种方式，只要从一个方面想到与之对立的另一方面，都是逆向思维。

2. 批判性。逆向是与正常比较而言的，正向是指常规的、常识的、公认的或习惯的想法与做法。逆向思维则恰恰相反，是对传统、惯例、常识的反叛，是对常规的挑战。它能够克服思维定势，破除由经验和习惯造成的僵化的认识模式。

3. 新颖性。循规蹈矩的思维和按传统方式解决问题虽然简单，但容易使思路僵化、刻板，摆脱不掉习惯的束缚，得到的往往是一些司空见惯的答案。其实，任何事物都具有多方面属性。由于受过去经验的影响，人们容易看到熟悉的一面，而对另一面却视而不见。逆向思维能克服这一障碍，往往是出人意料，给人以耳目一新的感觉。

日本 HU–OSE 食品工业公司的浦上董事长对咖喱粉新品种的开发情有独钟。他曾推出跟传统咖喱粉大为不同的"不辣咖喱粉"。当时食品业对浦上大加嘲笑，认为他是"发疯了"。当时，在世界任何地方，咖喱粉的味道都是辣的。但是，出乎意料的是，被人们断言卖不出去的"白痴咖喱粉"推出不到一年，竟成为日本最畅销的调料品之一，至今仍然称霸不衰。

第七章 勇于创新,突破固定的思维模式

出奇制胜,创新才能成功

以对方想不到的方法将其打败,这就是出奇制胜。出奇,可以看成是一种创新。众人熟知的套路必定众人都有准备,要想取得胜利,必须抛开习惯思维,摒弃陈腐观点,以新思维思考问题,用新办法解决问题。在这一过程中,创新就产生了。

有个犹太商人,他把独生子鲁特送到外国去读书。不久这个犹太商人突然病倒了,在弥留之际,他立下遗嘱,把家中所有财产都转让给了长期服侍自己的贴身奴隶。不过如果他的儿子鲁特要财产中的哪一件,奴隶须毫无条件地满足他。商人死了以后,奴隶很高兴。他披星戴月赶往国外,找到小主人,把老爷临死前立下的遗嘱拿给他看,鲁特看了以后十分伤心。

安葬好父亲后,鲁特一直在心里盘算自己应该怎么办。最后,他跑去找一个叫罗德曼的朋友,向他说明了情况。罗德曼听了以后说:"你的父亲非常聪明,而且非常爱你。"鲁特不满地说:"把遗产全部送给奴隶的人还谈得上什么聪明,简直是愚蠢。"

罗德曼叫鲁特多动动脑子,只要想通了父亲希望他要的东西是什么,他就明白父亲的心意了。罗德曼告诉他:"你父亲非常清楚,自己死后,身边没有一个亲人,奴隶可能会带着自己辛苦挣来的遗产逃走,说不定连招呼都不打。所以,你父亲才在你不在身边的情况下使用了这种把全部遗产保护下来的办法。"可是,鲁特还是无法明白,既然遗产都送给奴隶了,保管得再好,对他又有什么好处。

罗德曼见鲁特死不开窍,只好实话实说:"奴隶的财产全部属于主人，这你是应该知道的。你父亲不是给你留下了一样遗产吗？你只要选那个奴隶就行了。这是多么精明的想法呀！"

鲁特终于明白了父亲的良苦用心。原来，父亲使用了一个权宜之计，遗嘱中所给予奴隶的一切用一个"但是"作为前提，把奴隶美好的一切都变成了梦幻泡影。这个"但是"是这个犹太商人所立遗嘱的关键。

聪明的犹太商人正是利用此招数成功地保住了自己的遗产，他的做法很值得我们学习和借鉴。因此，办事情的时候，只要心中有把握，再加上头脑中有出奇制胜的方法，事情就一定能够办成。

结果是检验事情成败的唯一标准，所以，办事情必须讲究策略和方法。这里的策略和方法并非是指要什么阴谋诡计，而是说尽量用最佳策略和方法来争取最佳结果。这个策略和方法越是简单、有效，就越有杀伤力。

我们在办事中要做到有把握，就必须知己知彼。孙子说："不知彼而知己，一胜一负；不知彼，不知己，每战必败。"我们无论办任何事均应做好事前的调查工作，冷静客观地认清双方的具体情况，才能获胜。

虽说把握胜算，然而经济活动是人与人之间的战争，所以不可能有完全的胜算。因为其中包含着许多人为的因素，诸如情感因素等，所以不可能有完全的胜算，无法确实地掌握。不过，至少要有七成以上的胜算，才可进行计划。

军事上讲：不打没有把握的仗。同理，我们办事也不要办没把握的事，因为，办有把握的事，才会有胜算；办有把握的事，成功的几率才会更大。

要想达到办事成功的目的，就必须用一点绝招，见人之所未见，行人之所未行，方可达到出奇制胜的目的。

第七章　勇于创新,突破固定的思维模式

知不出众知,不算高明;用众所周知的办法取胜于人,也不算有本事。你能举起一根毫毛,不能说有力气;能看见太阳和月亮,不能说有眼力;能听到轰隆的雷声,不能说耳朵比别人灵。会办事的人,总是先人而出,先人而动,出奇制胜。

我们在办事时,蕴含着很多的技巧,其中出奇制胜就是其中之一。出奇制胜需要一颗灵活的头脑。有人曾经说过,所有成功的秘密就在于对你身边的一切保持高度关注,调整自己以适应周围的环境;意识到时机与资源的宝贵,在适当的时间里说别人想听的话和需要听的话;仅仅处理好事情是远远不够的,还需要在适当的时间和适当的场合去处理。出奇制胜是敏锐的洞察力,以及在紧急时刻快速反应能力的综合产物。

主动改变不合时宜的观念

当今社会发展,日新月异,我们在社会上生存发展,难免会有感到落伍的时候。这时候,与其抱怨外界环境,不如尝试改变自己。有句话说:"观念变了,世界就变了。"我们不能指望外界环境会随我们的心意发展,只有改变自己固有的观念。当你改变之后,你会发现,其实世界没有你想的那么残酷。

每个人的心中都有一套自己固有的思维模式。它像指纹一样,不会与另外任何一个人有绝对意义上的重复。你就是你,你的表达方式、你的行为、你的好恶等的总和形成了一种外在的叫做性格的东西,你以它去同外面的世界交流。

然而,个人固有的思维方式往往与现实发生抵触。抵触的结果是,你被现实打得头破血流、一败涂地。怨天尤人是无济于事的,因为你无法改变强大而不可抗拒的现实世界。那么，剩下的只有一条路：改变你对世界的看法。

这不是自欺欺人，不是退让认输，也不是阿Q式的精神胜利。古今中外有无数铁的例证说明了这一点：只有当你心中的世界模式发生了改变时，现实的世界才会随之改观，使你适应并与之达到合谐。只有转变你的观念，你才会重新坚强地站起来，勇敢地面对世界与人生。否则你就永远被强大的现实压倒在地，永远不得翻身。

司马迁遭受残酷的宫刑之后，万念俱灰，一心想死，因为对于他来说，人格尊严、仕途与人生统统丧失了意义，只有死才是最好的解脱，同时也可以借一死向汉武帝示威。但是，面对现实，他逐渐清醒了过来：对于一个庞大的汉朝而言，死一个司马迁就像死一只蚂蚁一样微不足道。这样的死，轻于鸿毛。而如果他能写出一部流传千古的《史记》，让后人永远记得他，感激他对历史所作的贡献，岂不是真正的人生价值所在吗？

改变了对世界的看法，司马迁所面对的残酷现实也随之发生了改变——无论对帝王的怨恨或是对人生的绝望，一切的一切均被《史记》所取代、所融化了。悠悠万事，唯此为大。

司马迁是聪明的，他采用了一种以退为进的策略，借助于改变自己的观念来改变世界——不做强权政治的牺牲品，以坚强的信念和远大的志向同现实抗争，最终达到实现自我价值的目的。

这就是观念的力量。在这个世界上，造成自己的心理障碍的，影响一个人的幸福观念的，有时候并不是因为物质上的贫乏和丰裕，也不是一个人处境的不同，而是取决于一个人心境的改变。如果你的心灵浸泡在创伤和遗憾里，痛苦就会占据你的整个心灵。

同样是从铁窗中望出去，有的人看到的是泥潭，但有的人看到的却是满天星斗。世界就是你心目中的样子，你是积极的，世界就是积极

第七章 勇于创新，突破固定的思维模式

的。反之亦然。

有这样一个故事，一定会对你有所启示：

一个小男孩在山崖的鹰巢里捡到两只鹰蛋。他很高兴，回到家里将鹰蛋放在鸡蛋中，让一只母鸡来孵化。这样，孵出来的鸡群里就有了两只小鹰。小鹰和小鸡一起长大，因而不知道自己除了是小鸡还会是什么。

有一只鹰因为翅膀渐渐长大，偶尔扇动起来便有一种振翅欲飞的感觉，这让它感到骄傲，有一种"不同于鸡类"的优越感。这种感觉越来越强烈，最后，它认为自己不应该是一只鸡。

一天，它看到有只老鹰在高空中翱翔，羡慕之际它感到自己的双翅有一股奇特的力量。这时，它已毫不怀疑自己可以飞到天上去了。

它对自己说："我绝不甘心做只小鸡。我是鹰，我要飞上青天！"

尽管从未飞过，但是飞翔的天性和强烈的欲望使它产生一种巨大的力量。它终于振翅飞离了地面，冲到了一座山峰，之后飞向了更高的天空中。

从此它便永远离开了那脏兮兮的鸡窝，飞翔在广阔的蓝天中。

而另一只鹰却一直待在鸡窝中，虽然它的翅膀也具备了飞翔起来的力量，但它安分守己，满足于做一只鸡，从来没有想过要一飞冲天。

它对自己说："我是只鸡，我只配生长在鸡窝和围栏中啄食。蓝天太高了，飞起来会摔死的！"

久而久之，它完全蜕化了，它有了日益笨拙的身体，翅膀也一点点失去了那种搏击蓝天的力量，它变成了一只怪模怪样的鸡。

两只鹰面对同样的世界，却由于观念的不同，产生了两种截然不同的结果。

由此可见，转变观念，并不等于退让，更不是认输，而是你为改变世界所做的精神准备。

摆脱思维定势的影响

我们在成长与学习过程中，会慢慢培养起一系列固定的思维习惯，这种习惯被称为思维定势。在环境不变的条件下，思维定势能使我们靠应用已掌握的方法迅速解决问题。而在情况发生变化时，思维定势就可能把我们引入泥潭。思维定势是束缚创造性思维的枷锁，要想创新，就必须摆脱思维定势的影响。

有这样一个例子：

国内一家日化公司引进了一条国外肥皂生产线。这条生产线能将肥皂从原材料的加入直到包装装箱自动完成。

但是，意外发生了。消费者发现有些肥皂盒里并没有装肥皂。于是，这家公司立刻停止了生产线，并与生产线制造商取得联系，得知这种情况在设计上是无法避免的。

经理要求工程师们解决这个问题。于是一个以几名博士为核心、十几名研究生为骨干的团队成立了。知识类型涉及光学、图像识别、自动化控制、机械设计等门类。在耗费数十万元后，工程师们在生产线上设置了一套X光机和高分辨率监视器，当机器对X光图像进行识别后，一条机械臂会自动将空盒从生产线上拿走。

巧得很，另外一家私人企业也遇到了同样的情况，老板对管理生产线的小工说：你一定要解决这个问题。于是这个小工找来一台电风扇，摆在生产线旁，另一端放上一个箩筐。装肥皂的盒子逐一在风扇前通过，只要有空盒子便会被吹离生产线，掉在箩筐里。空盒子的问题自然解决了。

第七章　勇于创新，突破固定的思维模式

突破性创新者通常被认为是"唱反调"的人，他们对公司或行业中深信不疑的成功信条提出质疑。

下面四种方法可以帮助我们思考"什么是传统"，以及如何"挑战传统"。

1. 展示信条。识别共同假设（例如"价格是关键变量"或"特定的消费者群体是主要服务市场"）以及趋同的产业战略（价值陈述、供应链、产品构造、定价、营销策略等方面）。然后思考，为什么会存在这些共同性？如果颠覆这些共同假设和战略会发生什么？消费者将得到什么好处？

2. 发现不合理之处。很多企业都有"不合理"之处，即便是细小的方面，也会显示出创新的机会。例如，为什么在酒店壁橱里安装警报器防止衣架失窃？为什么不可以向拿走衣架的消费者收取费用？这样甚至能将壁橱变成一个利润中心。为什么即使半夜入住，仍然必须在第二天中午前退房？为什么不按24小时付费？这种思考能够使你认识不合理的地方并寻求解决方案。

3. 走极端。产生持续性破坏的创新者倾向于走极端。以亚马逊为例，当杰夫·贝索斯开创在线业务时，并没有根据传统书店的存书量确定提供17万~30万种出版物，而是打算提供250万种出版物！这就是走极端。

可以在价格、效率或服务速度方面问自己：如果这些指标得到巨大改进将会怎样？想象你能够10倍、50倍甚至100倍地改进这些参数，如果你做到了，将给消费者带来什么利益？

4. 寻求双赢。消费者通常只能两者选其一而不能兼得。想想低糖汽水、低热量食品、无咖啡因的咖啡、无酒精啤酒……所有这些产品都不需要消费者做出妥协或权衡。一些流行时装公司都以相对不贵的价格销售非常时尚的服装。

· 153 ·

除了要挑战传统，利用突发的变化也是一种有效的手段。

"突变"不是一种简单的趋势、发明或技术，而是趋势的融合，是一些明显不相关的技术、人口、生活方式、地缘等发展的聚合，共同造就了产业剧烈变革的潜力。发现能够改变规则的趋势模型，它们通常是重大创新的导火索。

如何根据公开信息得出独特见解？可以通过以下方式：

1. 寻找竞争者不涉足的领域。你无法从商业杂志、市场研究、趋势预测、管理咨询或陈腐的报告中获取对未来趋势的洞察力，唯一的方式是亲自体验。20世纪90年代早期，诺基亚注意到全球青少年文化的出现，公司决定派遣一批工程师到一些时尚青年热点地区亲自观察这种趋势。他们去了加利福尼亚的威尼斯海滩、伦敦的国王大道、东京六本木地区的俱乐部，而后带着新的见解回到芬兰，快速将公司推向行业的尖端。

2. 加强弱信号。你需要关注"弱信号"，询问它们将走向哪里。玩一个发挥想象的游戏——"扩大"，问问自己如果某个趋势变得越来越重要将会发生什么，会造成什么影响，谁将受到这些结果的影响，等等。

3. 了解背景。当你发现一种趋势，如何判断它重要还是不重要。你需要看看这种趋势产生的背景，并问自己，这只是一个随机事件吗？或者它是否将成为时代潮流？换句话说，这种趋势是肤浅、独立的，还是重大而广泛的变化的一部分？

突破性创新者能将特定的技能和资产从现有业务中分离，将企业作为一组能力和资产的组合，而不是作为特定市场产品/服务的提供者。

很多人将迪士尼的主题公园看做业务单位，但迪士尼员工并不这样认为。他们看到，迪士尼乐园是世界上最大的"三维娱乐"制造商，拥有独特的布景、服装设计、讲故事和表演的技能。将这些核心能力从

第七章　勇于创新，突破固定的思维模式

主题公园中分离出来会怎样？例如，将迪士尼的核心能力运用于百老汇或伦敦西区，将迪士尼电影变成舞台剧会如何？基于这样的思路，迪士尼舞台演出成立于1994年，成为重要的盈利来源。

宝洁公司的佳洁士白牙片，就产生于企业内部各种能力和资产的相互作用——从口腔护理部门（齿科产品）到家庭护理部门（基层技术），以及织物与家居护理部门（过氧化氢漂白）。突破性创新者能够将企业的能力和战略资产像搭积木那样联系起来。很多互联网企业就是"重组"的例子。以电子商务网站为例，你会发现网上商家从一家公司购买信贷审批过程，另一家运行其服务器，再一家提供地图服务，还有一家提供搜索网站的软件……来自不同地方的能力经过无缝衔接，向消费者传递特定的价值。这种"即插即用"的模式能够迅速降低新业务的成本。

联想是重要的创新方式

联想是人类一种美妙的思维能力。面对璀璨星空，人们会联想到幕布上的宝石；面对巍峨高山，人们会联想到雄伟的壮士。一件产品，因为勾起了人们对美好事物的联想而大受欢迎；一个难解的问题，通过某些看似不相干的信息联想起来，就能找到答案。如果想突破创新，学会联想是很有必要的。

在英格兰，有人曾做过这样一个有趣的实验：在一次有许多人参加的午餐上，聘请了一个有名的厨师，这个厨师做出的饭菜不说是十里飘香，也可谓有滋有味。但实验者别出心裁地对做好的饭菜进行了"颜色加工"。他将牛排制成乳白色，沙拉染成发黑的蓝色，把咖啡泡成混浊的土黄色，芹菜变成了并不高雅的淡红色，牛奶被他弄成血红，而豌豆则染成了粘乎乎的漆黑色。满怀喜悦的人们本来都想大饱口福，但当这些菜肴被端上桌子时，都面对这美餐的模样发起呆来。只见有的人迟疑不前，有的人怎么也不肯就座，有的人狠狠心勉强吃了几口，都恶心地直想呕吐。而另一桌的人又是怎样的呢？同样是这样一桌颜色奇特的午餐，却遇到了一些被蒙住眼睛的就餐者，这桌菜肴的命运可就大大地不妙了，很快就被人们吃了个精光，人们意犹未尽，赞不绝口！

这顿午餐的"魔术师"，即实验者通过上述实验证明了：联想具有很强的心理作用。眼见食物的人们，由于食物那异常的颜色而产生了种种奇特的联想：牛排形似肥肉，喝牛奶联想到喝猪血，吃豌豆则联想到吞食腐臭了的鱼子酱……是联想妨碍了他们的食欲。另一桌被蒙住眼睛的客人没有这种异样的联想而仍然食欲大增。那么，什么是联想呢？

联想思维是指由某一事物联想到另一种事物而产生认识的心理过程，即由所感知或所思的事物、概念或现象的刺激而想到其他的与之有关的事物、概念或现象的思维过程。简单地说，联想思维就是通过思路的连接把看似"毫不相干"的事件（或事项）联系起来，从而达到新的成果的思维过程。联想思维是发散思维的重要表现形式。

联想思维最典型的例子就是"牛顿——苹果——万有引力"，牛顿从自然界最常见的一个自然现象——苹果落地，联想到引力，又从引力联系到质量、速度、空间距离等因素，进而推导出力学三大定律，这就是联想思维。从洗澡池池水放水时经常出现的漩涡现象能联想到地球磁场磁力线的运行方向，从豆角蔓的盘旋上升能联想到天体的运行方向，从水面上木头浮、铁块沉这个自然现象联想到浮力到造船业，从偶然看到的事物的不连续性联想到量子，从运动、质量、引力能联想到时空弯曲，从意识的作用能联想到宇宙全息，等等，都属于联想思维。

原苏联心理学家哥洛万和斯塔林茨经上百次实验证明，任何两个概念词语都可以经过四五个阶段建立起联想关系。例如木头和皮球是两个风马牛不相及的概念，但可以通过联想做媒介，使它们发生联系：木头——树林——田野——足球场——皮球。又如天空和茶，天空——土地——水——喝——茶。因为每个词语可以同将近10个词直接发生联想关系，那么第一步就有10次联想的机会（即有10个词语可供选择），第二步就有100次机会，第三步就有1000次机会，第四步就有1万次机会，第五步就有10万次机会。所以联想有广泛的基础，它为我们的思维运行提供了无限广阔的天地。

苏联卫国战争期间，列宁格勒遭到德军的包围，经常受到敌机的轰炸。在这紧急关头，昆虫学家施万维奇从蝴蝶五彩缤纷的花纹能迷惑人的现象中受到启迪，建议对重要目标进行迷彩伪装。这一招果然有效，大大降低了重要目标的损伤率。

在第二次世界大战期间，德国的侦察兵发现法军阵地后方的一片坟地上常出现一只有规律活动的家猫。每天早晨八九点钟时，那只猫在坟地上晒太阳，而坟地周围既没有村庄的房舍，也看不到有人活动。这位善于联想的侦察兵从空间位置的接近上，联想到坟地下面可能是个掩蔽部，而且还可能是个高级机关。于是侦察兵发出通知，德国用6个炮兵营集中攻击这片坟地。事后查明，这里的确是法军的一个高级指挥部，掩蔽在里面的人员几乎全部丧生。

没有成功的希望，不如另辟蹊径

古往今来，坚持不懈都被认为是一种美德，但在有些事上，过度地坚持，会导致更大的浪费。世事繁杂，人们总有看错的时候，如果凡事都要坚持到底，难免会一条道走到黑。有些事情，一开始的方向可能就是错的，所以即使付出巨大代价，成功的曙光还是看不见，这种情况下，与其坚持错误，不如及时转换目标。

有人认为：如果没有成功的希望，屡屡试验是愚蠢的、毫无益处的。物理上的永动机，就使很多人投入了毕生的精力，浪费了大量的人力物力。因此，在一些没有胜算把握和科学根据的前提下，应该见好就收，知难而退。

牛顿早年就是永动机的追随者。在进行了大量的实验之后，他很失望，但他很明智地退出了对永动机的研究，在力学中投入更大的精力。最终，许多永动机的研究者默默而终，而牛顿却因摆脱了无谓的研究，在其他方面脱颖而出。

在人生的每一个关键时刻，审慎地运用智慧，做最正确的判断，选择正确的方向，同时别忘了及时检视选择的角度，适时调整。抛掉无谓的固执，冷静地用开放的心胸作正确的抉择。每次正确无误的抉择将指引你走在通往成功的坦途上。

有的人失败，不是没有本事，而是选错了目标，成功者为避免失败，会时刻检查目标是否合乎实际，合乎道德。

阿尔弗莱德·福勒出身于贫苦的农民家庭，成年后，他虽然努力，却失去了3份工作。之后，他尝试推销刷子，他立刻明白了，他喜欢这种工作。他将思想集中于从事世界上最好的销售工作。

他成了一个成功的销售员。在攀登成功的阶梯时，他又定下一个目标，那就是创办自己的公司。如果他能经营买卖，这个目标就会十分适合他的个性。

阿尔弗莱德·福勒停止了为别人销售刷子。这时他比过去任何时候都更为兴高采烈。他在晚上制造自己的刷子，第二天就将其出售。销售额开始上升时，他就在一所旧棚房里租下一块空间，雇用一名助手为他

第七章 勇于创新,突破固定的思维模式

制造刷子。他本人则集中精力于销售。10年过去了,福勒制刷公司已经拥有几千名销售员和数百万美元的年收入了。

一个人要想获得事业上的成功,首先要有目标,这是人生的起点。没有目标,就没有动力,但这个目标必须是合理的,即合乎实际情况和客观规律、合乎社会道德的,如果不是,那么,即使你再有本事,付出千百倍的努力,也不会获得成功。

经济学上有一个重要的观点:一件东西的价值和你为它已经付出的代价无关,这件东西的价值只取决于它未来能带给你的收获。例如,你千辛万苦攒钱买下了一套房子,因为地震变成了危房,那么,这套房子的价值跟你买房花的钱已经没关系了,而只跟现在还能以多少钱卖出去有关。

这个道理看起来简单,但应用在其他例子上,许多人就想不开了。

比如说,有些技术人员总是用自己的资历和经验来衡量应得的薪酬,却从来不考虑自己掌握的技术已经过时了。有些大龄男女,总是以自己风华正茂时的标准来筛选男女朋友,却没有看到自己已经步入了剩男剩女的门槛。

人并不总是理性动物,有时候也会被感情所鼓动。自己曾经倾注过大量心血的事业,要说放弃,怎么也会感到难受。但个人感情不能代替发展规律,该淘汰的终究会被淘汰。早淘汰好过晚淘汰,被社会逼得实在混不下去而淘汰,不如自己主动作出调整,起码能减少损失。

凡是投资过股票市场的人,一定对"止损"这个词深有体会。止损是指当某一投资出现的亏损达到预定数额时,及时亏本出手,免得造成更大的损失。止损的作用就在于投资失误时把损失限定在较小的范围内。换言之,止损使得以较小代价度过较大风险成为可能。止损是痛苦的,它的另一个说法叫"割肉",充分说明了止损的痛苦。然而,股市中无数血的事实表明,一次意外的投资错误足以致命,但止损能帮助投

资者化险为夷。

物竞天择，适者生存。现代社会的竞争更是激烈，一点浪费和迟延，结果上可能就差很多。所以，当你痴迷一项事业却找不到成功的入口时，不妨停下来仔细看看方向是不是对了，否则无谓地坚持，只会浪费你的人生。

放弃错误也是一种勇气

如果方向错了的话，越是努力，距离真正的目标越远。这时候是考验我们内心的时候。壮士断腕、改弦更张，从来都是内心勇敢者才能做出的壮举。懂得坚持和努力需要明智，懂得放弃则不仅需要智慧，更需要勇气。若是害怕放弃的痛苦，抱残守缺，心存侥幸，必将遭受更大的损失。

学会放弃一些目标，就是知道自己在摸到一手坏牌时，不要再希望这一盘是赢家，懂得撒手，不要再去浪费自己的精力。当然，在牌场上，有很多人在摸到一手臭牌时会对自己说，这盘肯定要输了，干脆不管它了，抽口烟、喝点水、歇口气，下盘接着来。但是，在真实生活中，像打牌时这般明智的人却很少找到。

在人生的道路上，我们随时都会碰上激流和险滩。如果我们低下头来，看到的只会是险恶与绝望，在眩晕之中失去了生命的斗志，使自己坠入地狱。而我们若能抬起头来，看到的则是一片辽阔的天空，那是一个充满了希望并让我们飞翔的天地，我们便有信心用双手去构筑出一个属于自己的天堂。

选错方向是生活乐曲中不可缺少的音符，有了它，生活的乐曲才会

第七章 勇于创新，突破固定的思维模式

抑扬顿挫，才会华美。英国的伟大诗人弥尔顿，最杰出的作品是在双目失明后完成的；德国的伟大音乐家贝多芬，最杰出的乐章是在他的听力丧失以后创作的；世界级小提琴家帕格尼尼是个用苦难的琴弦把天才演奏到极致的奇人。被称为"世界文化史上三大怪杰"的3个奇人，居然一个是瞎子，一个是聋子，一个是哑巴！他们之所以有那样的成就，正是因为他们有一颗平常心，处于逆境而不屈服。

不要再感叹自己的命运，命运向来都是公正的，在这方面失去了，就会在那方面得到补偿。当你感到遗憾失去的同时，可能有另一种意想不到的收获。但是，前提是你必须有正视现实、改变现实的毅力与勇气。

一位成功者说：苦难本是一条狗，生活中，它不经意就向我们扑来。如果我们畏惧、躲避，它就凶残地追着我们不放；如果我们直起身子，挥舞着拳头向它大声吆喝，它就只有夹着尾巴灰溜溜地逃走。只要你拥有对生命的热爱，苦难就永远而且只能是一条夹着尾巴的狗！

哈得森23岁时因车祸失去了左腿之后，他依靠一条腿精彩地生活，成为全世界跑得最快的独腿长跑运动员；30岁时，厄运又至，他遭遇生命中第二次车祸。从医院出来时，他已经彻底绝望——一个四肢瘫痪的男人还能干什么呢？

哈得森开始吸毒，醉生梦死，可是这不能拯救他，一个寂静的夜晚，痛苦的哈得森坐着轮椅来到阿里赛道，忽然想起自己曾在这里跑过马拉松。前路还远，生命还长，他就这样把自己放逐？不！他惊醒过来："四肢瘫痪是无法改变的事实，我只能选择好好活下去！我才33岁，还有希望。"

哈得森坚定意志，开始了他的下一步人生。他攻读哲学博士学位，并且一直帮助困苦的人解决各种心理问题，他以乐观的笑容，给那些逆境中的人们送上温暖和光明。

在一本名为《20多岁的青年必须尝试的50件事》的书中，作者中谷章钊忠告日本20多岁的新生族们为了30岁时事业的成功，40岁时便能登上事业的巅峰，要从现在开始做一个"勇往直前、经历无数次失败而百折不挠的人"。他认为，在人生的道路上，为追求真正属于自己的生活而竭尽全力、饱尝辛酸和痛苦的人生才是美丽的人生。

人生失意的时候，切莫自暴自弃，只看到失败，却听不到咫尺之遥成功正在向你大声呼喊，自己打败自己才是最彻底的失败。而在人生得意之时，切忌得意忘形、盲目乐观，而忘记了日中则仄，月满则亏的道理。当功成名就、显赫日盛之时，我们更需要从意气风发中清醒地退出，由辉煌趋于平淡。

人生需要目标，但这个目标必须是合理的。如果选错了方向，那么，即使你再有本事，付出千百倍的努力，也不会获得成功。这个时候，过度坚持就会使你一败涂地，适时放弃就是进步。

第八章

相信自己,你一定能强大起来

相信每个人都有自己的亮点
有坚定的信念,才能有奇迹的出现
每个人都能成为冠军
别忘记给自己加油鼓劲
勇于追求,抓住命运的掌控权
只要行动,"不可能"也会可能
战胜自卑,你才能强大起来

相信每个人都有自己的亮点

很多成功人士的成功，首先要得益于他们能够充分地了解自己的长处，并从自己的长处入手，将自己的长处发挥了出来。如果不充分了解自己的长处，只凭自己一时的兴趣和想法，那么就很不准确，并有很大的盲目性。可以说，那些成大事的成功者都有一个共同的特征：不论才智高低，也不论从事哪一种行业、担任何种职务，他们都在做自己最擅长的事情。

美国著名电台广播员莎莉·拉菲尔在她30多年职业生涯中，曾经被辞退18次，可是她每次都调整心态，找到更能发挥自己才能的位置。最初由于美国大部分的无线电台认为女性不能打动观众，没有一家电台愿意雇用她。她好不容易在纽约的一家电台谋求到一份差事，不久又说她思想陈旧，将其辞退。莎莉并没有因此而灰心丧气、精神萎靡。她总结了失败的教训之后，又向国家广播公司电台推销她的清谈节目构想。电台勉强答应录用，但提出要她在政治台主持节目。"我对政治了解不深，恐怕很难成功。"她也一度犹豫，但坚定的信心促使她大胆地尝试了。

莎莉对广播已经轻车熟路，于是她利用自己的长处和平易近人的作风，抓住7月4日国庆节的机会，大谈自己对此的感受及对她自己有何种意义，还邀请观众打电话来畅谈他们的感受。听众立刻对这个节目产生了兴趣，她也因此而一举成名。后来莎莉·拉菲尔成为自办电视节目的主持人，并曾两度获得重要的主持人奖项。

有一位知名的经济学教授曾经引用三个经济原则对运用自身优势做

第八章　相信自己，你一定能强大起来

了贴切的比喻。他指出，正如一个国家选择经济发展策略一样，每个人应该选择自己最擅长的工作，做自己专长的事，才会胜任并感觉愉快。

第一个原则是"比较利益原则"。当你把自己同别人相比时，不必羡慕别人，你自己的专长对你才是最有利的。

第二个原则是"机会成本原则"。一旦自己作了选择之后，就得放弃其他的选择，两者之间的取舍就反映出这一工作的机会成本，所以你一旦选择，就必须全力以赴，增加对工作的认真程度。

第三个原则是"效论原则"。工作的成果不在于你工作时间有多长，而在于成效有多少，附加值有多高，如此，自己的努力才不会白费，才能得到适当的报偿与鼓舞。

成功最终是由自己造就的，因此你不必看轻自己，你要相信你的能力才是世界上独一无二的，你也许正在完成一件非常了不起的事情，说不定在哪一天，你就真的可以变得"很不平凡"而成为大家羡慕的成功者。

在工作中，有些人打拼了许多年，却依然是碌碌无为，看不到一丝成功的迹象，成功则成了遥不可及的事情。而对于成功，不但他们自己，甚至连别人都觉得凭他们的能力和努力，应该会有一番成就的。分析他们不成功的原因，就在于他们几乎都没有将自己的才干用在最有把握的工作上，也就是说没有做自己最擅长的事，把才干用错了方向。

你撇开了自己最擅长的工作，无异于抛弃了你最重要的竞争优势，等于扬短弃长。在你不擅长的工作岗位上，即使你费了九牛二虎的力气，克服了自己的诸多弱点，至多也不过使你得到一个业余专家的地位而已。因此，你要想在生活中取得成功，就要选择自己最擅长的工作，不然，你表面上看起来在向成功积极迈进，实际上却是南辕北辙。

要想做最擅长的事，你必须认清自己真正的才能和限度，也就是说你具备的才能最适宜干什么领域内的工作，在这个领域内你所能达到成

·165·

功的限度是什么。也就是说，首先你一定要知己。既不要轻视自己，也不要看高自己，给自己做一番中肯的评价。如果你对自我评价有点不自信的话，可以咨询专家、亲人或者朋友。当然，最重要的还是听从于心灵的需要，因为你对某项工作表现出来的热情以及由此挖掘出的潜力，没有人比你自己更清楚。

歌德曾经说过："每个人都有与生俱来的天分，当这些天分得到充分发挥时，自然能够为他带来极致的快乐。"职场之中，如果你也希望不断体验到这份快乐，那么就要从自己的长处入手，抓住机会充分发挥这份优势。如果你丢开自己的优势和才能，在不擅长的领域寻求发展，你很快就会发现，自己就像在泥潭里挣扎一样，无论从事什么职业，都难逃失败的命运。

面对失败，你也许会说："我实在是太平凡了，根本没有什么特殊才能。"请你千万不要这么认为。世界上每个人的出身虽然不同，但每个人都有自己专长的领域以及与众不同的能力。而你之所以有这种想法，关键是因为你不知道自己的特长在哪儿，长期使它处于闲置状态。总之，你在了解了自己的特长并懂得发挥之道以后，相信你很快就会绽放出最亮丽的光芒，成就辉煌的人生。

有坚定的信念，才能有奇迹的出现

信念是人的精神食粮，丧失了信念，如同吃不到粮食一样，就只能有气无力地苟延残喘。在身处绝境时，没有信念或信念不坚定的人，只能听天由命，自暴自弃；而拥有坚定信念的人，他们坚信天无绝人之路，越是在困难时候，越能爆发出力量。这就是信念的力量，这种力量

第八章 相信自己,你一定能强大起来

可以鼓舞人们挑战自我的极限,不断强大起来。

有一位王子,长得十分英俊,但却是一个驼子,这个缺陷使他非常的自卑。他常常想,宁愿不做王子,也不要是个驼子。

老国王非常心疼这个孩子,他决心利用一种"信念疗法"治愈王子的驼背。有一天,国王请了全国最好的雕刻家刻了一座王子的雕像。按照国王的指令刻出的雕像没有驼背,背是直挺挺的。国王将此雕像竖立于王子的宫殿前。

当王子看到此雕像时,他心中产生了一种震撼。老国王对他说:"孩子,这就是以后的你,一个挺胸直背的王子!"

几个月之后,百姓们说:"王子的驼背不像以前那么严重了。"当王子听到这些,他内心受到了鼓舞。于是,他更加苛求自己的姿态和举动,无论坐、站、行走,甚至睡觉,都要竭尽全力去做到"挺直,挺直,再挺直!"

奇迹出现了,当王子站立时,背直挺挺的,与雕像一样。

王子在一个坚强的信念支撑下,努力去改变自己。而老国王、百姓们的要求和鼓励,更是对他极大的鼓舞。所以,他最终实现了自己的愿望。

王子对于自己未来的样子丝毫没有怀疑,他确信自己会成功,所以,他成功了。信念的力量就是这么神奇:当你向往一个目标时,只要尽全力去追赶,也许你会发现,你已经超过原来的目的了。

信念有时候要靠别人鼓励,更多的还是要靠自己坚持。

好莱坞大导演斯皮尔伯格从未声称自己崇拜过谁,因为他崇拜的是一种高尚的职业大导演。他要成为最优秀、最杰出的大导演,在他没有偶像之前,他确认也许那个人就是自己。

从17岁起,他便按着一位大导演的模式要求自己,无论穿着打扮、言谈举止及对艺术的追求,一切都要做到与众不同。经过20年的努力

奋斗，他终于成为了当今世界堪称第一的大导演。

与这些信念坚定的人相反，庸人们说得最多的借口就是："我坚持不下去了。"或是"这太困难了，根本不可能成功。"

"不可能"让千千万万的人丧失了无数次成功的机会；"不可能"让许许多多本可以活下来的人早早死去；"不可能"是所有不思进取的人最常用的口头禅。

1883年，美国著名桥梁工程师约翰·罗布林雄心勃勃地意欲着手建造一座横跨曼哈顿和布鲁克林的大桥。然而桥梁专家们却认为这个计划纯属天方夜谭，劝他趁早放弃。罗布林的儿子华盛顿·罗布林——一个很有前途的工程师，也确信这座大桥可以建成。父子俩克服了种种困难，在构思着建桥方案的同时，也说服了银行家们投资该项目。

然而大桥开工仅几个月，施工现场就发生了灾难性的事故。父亲约翰·罗布林在事故中不幸身亡，华盛顿·罗布林的大脑也严重受伤。许多人都以为这项工程会因此而泡汤，因为只有罗布林父子才知道如何把这座大桥建成。

尽管华盛顿·罗布林丧失了活动和说话的能力，但他的思维还同以往一样敏锐，他决心要建成这座他们父子俩费了很多心思的大桥。一天，他脑中突然闪现出一个念头，也许用他唯一能动的一根手指可以和别人进行交流。他用那根手指敲击他妻子的手臂，通过这种密码方式由妻子把他的设计意图转达给仍在建桥的工程师们。整整13年，华盛顿·罗布林就这样用一根手指指挥工程，直到雄伟壮观的布鲁克林大桥最终落成。

这听上去就像一个天方夜谭。奇迹就这样诞生了，尽管是如此令人难以相信，但信念就是如此创造了奇迹。

法国有一名记者叫博迪，在年轻的时候，他因一场事故导致四肢瘫痪。在全身的器官中，唯一能动的只有左眼。可是，他还是决心要把自己在病倒前就构思好的作品完成。

博迪只会眨眼，所以他就只有通过眨动左眼与助手沟通，逐个字母地向助手背出它的腹稿，然后由助手抄录下来。助手每一次都要按顺序把法语的常用字母读出来，让博迪就眨一眼表示正确。由于博迪是靠记忆来判断词语的，有时不一定正确，他们需要查辞典，所以每天只能录一两页，可以想象他们两个人的工作是多么的艰难！几个月后，他们历经艰辛，终于完成了这部著作。这本叫《潜水衣与蝴蝶》的不平凡的书共有150页。

用一根手指点成一座人桥，用一只眼睛眨出一本书。如此这般，这世界上还有什么是不可能的呢。

如果说很多奇迹是置于绝地后的产物，是求生的欲望，潜能的迸发，那就说明了这是我们每个人都具备的能力。可是，我们却很少有人能够在平日里产生这种超乎寻常的能力。

这是因为你对潜能与奇迹的信念还未达到坚信不疑的程度。隐约中，你对它的存在、它的威力以及你对它的把握发挥还持有某种怀疑，总觉得那东西毕竟不是十分真实的。

每个人都能成为冠军

每一朵花，都有它的美丽；每一粒沙，都有它的闪光；每一个人来到世间，都是无数幸运的重合。看不起自己的人，是最愚蠢的；而把生命浪费在自卑自怜中，是对生命最大的浪费。不妨设想自己是天生的幸运儿，激励自己去奋斗拼搏，那么你也能成为人生赛场上的冠军。

一个四十几岁仍一事无成的男人，被各种倒霉事紧紧包围着，破产、离婚、失业……他不知道自己活着还有什么意义。他觉得自己都有点瞧不起自己。

一天，他百无聊赖地在街上闲逛，横穿马路时根本就不往两边看，心里不停地想着：这么多车驶来驶去，怎么就没一辆肯撞我一下呢？

他看到一个吉普赛人在街头算命，便大咧咧地走了过去。

吉普赛人问他："算命吗，先生？"

他回答说："算命？我的命根本不用算，我是世界上最大的倒霉鬼！"

"怎么能这么说呢？先生。"吉普赛人趁他犹豫之际，已将他的手抓到了掌中。看了几眼之后，吉普赛人两眼一亮，大声说："哇，你是个伟人，很了不起的人物呢！"

他不以为然。吉普赛人继续激动地问道："你知道你是谁吗？"

"我？我当然知道我是谁！"他差点脱口而出："我是个穷光蛋、倒霉鬼，是个可怜的被遗弃者。"但他到底还是忍住了，顺嘴胡诌道，"我是拿破仑！"

"天呐！"吉普赛人击掌跳起，"太神奇啦！你竟然知道自己是拿破仑转世？这几乎是不可能呀！"

"你说什么？"轮到他惊讶了。

"没错，你是拿破仑转世！你体内流着他的血，还有他的勇气和智慧……你难道从来没有发现，你长得很像他吗？"

"像谁？"他问道。

吉普赛人回答说："拿破仑啊！"

"不会吧？"他有些狐疑，"可我，破产、离婚、失业……"

"拿破仑成功之前比你遭受的苦难多几倍！你至少还没有被关进监牢里去。过去的已过去，5年之后，你将成为法国最成功的人士，因为你是拿破仑的化身，无人可以与你相比的！"吉普赛人说。

第八章 相信自己，你一定能强大起来

离开那个吉普赛人，他忽然产生了一种从未有过的伟大的感觉。他快步如飞地赶回家，找出所有与拿破仑有关的书，如醉如痴地读下去。他不再抱怨，也不再怀疑自己，渐渐地，他发现周围的环境开始改变了，朋友和家人都换了另一种眼光看待他。

13年后，55岁的他，成了法国赫赫有名的亿万富翁。

其实一切都没有变，改变的恰恰是他自己，他的言行，他的思想，他看世界的眼光。

你曾经考虑过你在诞生之前就赢得了许多战役吗？

"停下来去考虑你自己的事吧。"遗传进化学家设菲尔德说，"在整个世界史中，没有任何别的人会跟你一模一样。在将要到来的全部无限的时间中，也决不会有像你一样的另一个人。"

你是一个很特殊的人。为了生下你，许多斗争发生了，这些斗争又必须以成功告终。想想吧：数以亿计的精子参加了巨大的战斗，然而其中只有一个赢得了胜利——就是构成你的那一个！这是为了达到一个目标而进行的一次大规模的赛跑：这个目标就是包含一个微核的宝贵的卵。这个为精子所争夺的目标比针尖还要小，而每个精子也是小得要被放大到几千倍才能为肉眼所见。然而，你的生命的最决定性的战斗就是在这么微小的场合上进行的。

数以百万计的精子的每一个头部都包含一个宝贵的负载，它由24个染色体所构成，正如同卵的微核包含24个染色体一样。每个染色体是由紧密地串在一起的胶状小珠所构成。每个小珠包含数以百计的遗传因子，科学家们把你的遗传的所有因素都归之于遗传因子。

精子中的染色体所包含的全部遗传物质和倾向是由你的父亲和他的祖先所提供的；卵核中的染色体所包含的全部遗传物质和倾向则是由你的母亲和她的祖先所提供的。你的母亲和父亲本身代表20多亿年前为生存而战斗的胜利的极点。于是一个特殊的精子——最快、最健康的优

· 171 ·

胜者同等待着的卵结合起来，就形成一个微小的活细胞。

最重要的活人的生命已经开始，你已经成了一名冠军，这种情况你以后必定还要面临的。为了所有实际的目的，你已从过去巨大的积蓄中继承了你所需要的一切潜在的力量和能力，以便达到你的目的。

你生来便是一名冠军，现在无论有什么障碍和困难处在你的道路上，它们都还不及你在成胎时所克服的障碍和困难的 1/10 那么大，所以请不要妄自菲薄，勇敢地去战斗吧！

别忘记给自己加油鼓劲

世上唯一能和你相伴不离的就是你自己，无论在多困难的处境下，都别忘记鼓励自己。自我激励是人生中一笔弥足珍贵的财富，在人生的前行中能产生无穷的动力。一旦你拥有了自我激励的动力，你就给生命插上了美丽的翅膀。它将带着你展翅翱翔，创造属于你自己的人生辉煌。从某种意义上说，自我激励就是自我期待。人们激励自己的目的，就是为达到所期待的目标。

英国诗人拜伦在上阿伯丁小学时，因跛足很少运动，身体虚弱，走路都困难。一天，几个健壮的同学在操场上踢足球，拜伦在旁边出神地观看。他有惊人的想象天赋，边看边在自己的脑海里想：自己该怎样拦截、抢球、射门，脸上不时呈现出紧张、惋惜、欣喜的神色。就在他自我陶醉的时候，一个健壮而顽皮的同学郎司拉他去踢足球。拜伦不肯，郎司眼珠一转，想出了个坏主意。他恶作剧式地找来一只篮子，强迫拜伦把一只脚放进去，"穿"着这只篮子绕场一圈。当时拜伦真想扑上去打郎司一拳。但他怎么打得过高大健壮的郎司呢？无奈之下只好忍气吞

第八章 相信自己，你一定能强大起来

声地把竹篮穿在脚上，一瘸一拐地绕操场走起来。同学们看了笑得前仰后合，郎司更是开心得双脚在地上跳。

然而，这次当众受辱的经历彻底改变了拜伦日后的命运。他意识到一切不公都来自于自己的体弱。从那以后，他激励自己，在别人嘲笑他的时候，他会在心里暗暗较劲。后来，这个意志坚强的人刻苦参加各项运动。一年半以后，他的体质明显增强了，手臂上的肌肉也凸了起来。在球场上，他能像三级跳远的运动员那样连续不断地飞跑。不久，他参加了学校运动会，恰巧他在拳击比赛中与郎司相遇，激战相持了很久，最后，拜伦一个勾手拳，击中郎司下巴，把他打倒在台上。观众为拜伦的意志、力量和永不服输的精神深深感染，他们欢呼着将拜伦抛向空中。

现实生活中，我们难免会碰到困难，遇到挫折，而你并不总能幸运地得到别人的帮助，因此，你一定要学会自我激励，只要你不放弃自己，那就永远不会真正地失败。

《I believe I can fly》是为飞人迈克尔·乔丹的电影《太空大灌篮》创作的歌曲，这首歌传遍了世界各地，里面有这样一句歌词：If you can dream it, you can do it. 这句话可译为：如果你能够想到，你就一定能够做到。不错，想得到便做得到。一个心存梦想的人便是一个自我期待的人。

能够自我激励的人，首先就是一个能自我约束、自我了解的人。他能够在逆境中从容面对一切，鼓励自己，激发自己，让自己能够适时忍耐，在黎明到来之前做好充分的准备。

中古时期，苏格兰国王罗伯特·布鲁斯，曾前后10多年领导他的人民抵抗英国的侵略。但因为实力相差悬殊，他6次都以失败告终。第6次战败后，灰心丧气的他躲在了一户农家的草棚里。当时天气风雨交加，他的心情也和天气一样低落。

正在这时候,他看到草棚的角落里,有一只蜘蛛在艰难地织网,它准备将丝从一端拉向另一端,6次都没有成功。然而这只蜘蛛并没有灰心,又拉了第7次,这次它终于成功了。

布鲁斯受到了极大的启发,他在心里对自己说:"我要再试一次!我一定要取得胜利!"

他以此激励自己,重新拾起自信心,以更高涨的热情领导他的人民进行战斗。这次,他终于成功地将侵略者赶出了苏格兰。

人的一生充满各种不确定性,既然不能把握变化的世界,那就只能把握不变的自己。相信自己,在任何情况下都不要放弃希望,越是在困难的时候,越要给自己打气。

红军长征过草地的故事是每一个中国人都熟知的。当年红军面临各种困难,首先是行路难,草地泥泞不堪,很多战士的脚都被泡烂了,而且泥潭遍布,一不小心踏上去就会送命。其次是没有粮食,每人每天只能吃一点青稞面。再次是天气恶劣,刚刚还是晴空万里,转瞬就变成了风雨交加,晚上温度降到零度以下,不少红军战士就在睡梦中被冻死了。

在这样极端恶劣的环境下,红军怀着共同的革命理想,凭着乐观的革命精神,在理想的激励下,终于走出了这片死亡世界。肖华上将后来在《长征组歌》中写道:风雨浸衣骨更硬,野菜充饥志越坚。官兵一致同甘苦,革命理想高于天。正是在不断激励下,红军才战胜了种种困难,取得了长征的胜利。

人的潜能是巨大的,而不断自我激励就是开启潜能的钥匙。相信自己,给自己战胜一切困难的力量,你会发现,自己已经变得无比强大。

第八章 相信自己，你一定能强大起来

勇于追求，抓住命运的掌控权

拿破仑说："不想当元帅的士兵不是好士兵。"这成了激励人的名言。这说明人们对上进的渴望。命运是无知无情的，它可能随意赋予我们种种条件，不管我们是不是喜欢。人生的强者，就要把种种内在与外在的限制战胜，把命运的掌控权牢牢抓在自己手里，如同贝多芬所说：扼住命运的咽喉。

萨达特是1952年埃及"七·二三"革命的组织者和发起者之一。他在任期间，大刀阔斧地进行了一系列政治、经济改革。政治上实行民主，经济上实行改革开放，外交上采取了一系列的惊人之举，使他成为20世纪70年代世界政治舞台上的风云人物。

萨达特出生在埃及的一个小村庄里，后来随他的爸爸来到首都开罗。他的家庭不是很富裕，但他的爸爸是个很有见识的家长。为了孩子的前途，他把小萨达特送进了一所高级学校去读书。

在这所高级学校里，小萨达特的同学们大多数都是名门望族的孩子。小萨达特看看自己的处境，爸爸一个月的工资刚刚够把他这个学期的学费交了。自己穿的是破旧的粗布长袍，而自己的同学们穿的都是丝织的长袍，进出学校都有豪华的小轿车接送。小萨达特不禁为自己家境的贫寒而自卑。

爸爸看出了小萨达特的自卑，有一次，他跟小萨达特说："孩子，你能跟我谈一谈你在新学校里的情况吗？你的同学们都有轿车接送，穿得又那么好，你会不会羡慕你的同学们呀？"

"有点，爸爸。"小萨达特老实地回答。

小萨达特的爸爸说："孩子，你到这所学校去就要好好学习，不要去跟你的同学们比条件。等你学到知识后就什么都会有的。你一定能成功的！你的同学们很富有，但你拥有的聪明才智和对知识的渴望，这就是你的财富。你要自信，不要被一时的困难吓倒。要尝试着去和你的同学们公平竞争，积极参与一些活动，为同学们多做一些事情，这样你就能得到同学们的尊重。"

经过这一次和爸爸的谈话，小萨达特自信起来了。他在他的同学面前不再自卑了，不再感到难为情了。他开始不卑不亢地同那些有钱的同学交往，继续好好学习，并且积极地参加学校组织的一些活动。

就这样，小萨达特在学校里结识了很多好朋友。他深深懂得，人的精神追求是高尚的，是生活的支柱，不应该去羡慕那些同学的富有，自信始终是人际交往中最重要的。自己首先要看得起自己，否则别人也会看不起你。

小萨达特就是这样，在自信中与人交往，在自信中不断展现自己，一步步走向成功。

和萨达特相反，贾宝玉，中国古典小说《红楼梦》里主要的人物，贾府的贵公子，他的命运被牢牢设定在读书入仕、升官发财、光宗耀祖上。然而，贾宝玉对于封建教育的一套，在感情上就格格不入。他天性向往自由，同情受封建礼教压迫的女孩子。经历了种种的人生变故，贾宝玉终于弃家出走，抛弃了金玉铸成的牢笼，回到渺茫的虚无之中。

自由是人们的天性，永远不能令人满意的现状是命运的安排。服从这种安排，任由命运摆布，是很多人现实的选择。爱因斯坦曾尖刻地讽刺这种人生态度："我从来不把安逸和享乐看作是生活目的本身。这种伦理基础，我叫它猪栏的理想。"人的生命只有一次，是在猪栏里度过，还是走出猪栏，奔向自由，全在你自己的选择。

每个人必须接受命运的安排。天赋固然可以通过教育、练习与专注

第八章 相信自己，你一定能强大起来

来强化，但先天心理与心理上的限制却不容忽视，否则会很危险。其实强化天赋只是事情的一半而已，而且是较容易履行的一半。要确定某个人才在何处，其实很困难！

运动员很早就会发现自己跑得比别人快，跳得比别人远，几乎从小就不同凡响，被发掘后，尤其是在教练的指导与训练下，进步更快。但大多数人很少有特别突出的才能，多半是同时具有多方面的能力，却没有一样一枝独秀。

不论你决定从事哪一行，如果你本身令人失望，或个人表现欠佳（对这一点请诚实面对自己），那么就要勇敢地放弃一切，重新再来！

我们从生命的一开始，命运就在别人手里掌控着，父母和老师手握奖惩大权，还不断谆谆教诲：听话，做一个好孩子/好学生，你就能在激烈的社会竞争中掌控自己的命运。

可是，当我们沿着教育家设置好的路途走到尽头的时候，却发现自己成了一个工具。然而工具再好，如果不会利用，它也毫无用处。

应该说，高学历的人有才能，本身蕴藏着巨大的能量。从小到大，他们一直在积累能量，可是从没有人教过他们如何运用这股力量。更为悲惨的是，他们没有利用这股力量的念头，他们只是等待别人来利用。那些没有学历的人，只是因为懂得了如何利用这股力量，所以成为了成功人士。通过这一点，我们也应该明白，才能和成功是两回事，不能在它们之间画等号。

我们要成功，不仅要有才能，还要学会如何运用才能。正是因为不会运用才能，众多高学历的人空守着五斗才富，却只能喊：伯乐难求，怀才不遇。其实，只有自己是你的伯乐，做自己生命的主人，别人无法让你成功，只有自己才能让自己成功。

只要行动,"不可能"也会可能

德国陆军教范上曾有这样一个信条:当战场情况不明朗时,什么都不做比采取了错误的行动危害更大。战场上大部分时间,指挥官掌握的都是很少的信息,如果消极等待情况明朗,那么很有可能被敌人先下手为强。战争如此,人生也不例外。有时候我们都要面临很多不确定性,这时,最好的选择是先行动起来,只要行动起来,就可能创造种种可能。

国王想委任一名官员担任一项重要职务,于是就召来了文武大臣,想看他们谁能胜任。

国王说:"我有个问题,想看看谁能解决它。"国王领着这些人来到一座大门——一座谁也没有见过的巨大的门前。

"你们看到的这扇门,不但是最大的,而且是最重的,你们当中有谁能把它打开?"

许多大臣见到大门后摇头摆手,有的走近看看,有的则无动于衷。只有一位大臣,他走到大门前,用眼睛和手仔细检查,然后又尝试了各种方法。最后,他抓住一条沉重的链子一拉,这扇巨大的门开了。

国王说:"那个要职是你的了。"

其实,大门并没有完全关死,那一条细小的缝隙就隐藏在严密的假相中,任何人只要仔细观察,再加上有胆量去试一下都能打开它。很多人不敢去追求梦想,不是追求不到,而是因为在没有开始追求的时候,他们就在心里默认了一个"高度"。这个高度常常暗示他自己:成功是不可能的,这是没有办法做到的。

第八章　相信自己，你一定能强大起来

局限于自己所看到的和所听到的，却没有勇气尝试一下，这就是许多人与机会失之交臂的原因。

"Nothing is Impossible！"这是一句广告语，但是其意义远远超过广告本身。每当巨大的广告牌映入眼帘，人们都会情不自禁地放慢脚步，并对自己喃喃地念一遍：Nothing is Impossible！然后，阔步前进。这句话仿佛是句咒语，是句能够补充力量和勇气的咒语。"没有不可能"，就是令人神往的种种"可能"。

谈到"不可能"这个观念，不禁想起成功学家拿破仑·希尔使用的奇特方法。年轻的时候，他抱着成为一名作家的理想，为实现这个梦想，他知道自己必须精于遣词造句，而词典就是他的工具。但是，由于家境贫穷，希尔接受的教育并不完整，因此，善意的朋友就告诉他，说他的雄心是"不可能"实现的。

年轻的希尔并没有放弃，反而更加立志实现雄心壮志，他存钱买了一本最好、最完整、最实用的词典，他所需要的词都在这本词典里面，而他立志要完全了解、掌握和运用这些词。他首先做了一件非常奇特的事情，他找到"不可能"（impossible）这个词，用小剪刀把它剪下来，然后丢掉。于是他有了一本没有"不可能"这个词的词典。此后，他把所有的事都建立在这个前提下。对一个渴望成功、想超越别人的人来说，没有什么事是"不可能"的。

当然，并非建议你也从你的词典中把"不可能"这3个字剪掉，只是建议你从你的头脑中把这个观念铲除掉。谈话中不要提到它，想法中要排除它，态度中要去除掉它。无情地抛弃"不可能"，不再为它提供各种理由，不要再为它寻找种种借口。把这个词和这个观念永远抛开，用光明灿烂的"可能"（possible）来代替它。而"可能"这个词的意思也就是——你认为你行，你就行。

"impossible"是"不可能"的意思，但是世间没有绝对的"不可

能"，只要你认真去做，那么"impossible"（不可能）就会变成"I'm possible"（我是可能的）。千万不要简单地看待它，它将扭转一切"不可能"为"可能"，它会将山重水复变成柳暗花明，只要你主观上去努力、去实现，就没有什么不可能。

1986年，在墨西哥奥运会的百米赛道上，美国选手吉·海因一举突破了百米10秒大关，创造了当时人们认为不可能的9.9秒的世界纪录。这时，吉·海因说了一句话："上帝啊，那扇门原来是虚掩着的！"只要你愿意，一定有一扇门随时为你打开，只要你努力去做，你就一定能把那扇门打开。

当拳王阿里第一次走入拳击栏，瘦弱的他令观众认为不出5个回合他就会被打趴下。然而，就是这个不起眼的年轻人，在一生61场比赛中，创造了56胜5负的拳坛神话，成为拳击史上第一位三度夺得世界重量级冠军、获得"20世纪最伟大运动员"荣誉的拳王。他说过一句话："'不可能'只是别人的观点，是挑战，绝非永远。"

许多人喜欢在还没有做一件事之前就先给自己下结论，"做不到"、"不可能"、"没办法"……如果爱迪生觉得"不可能"，怎么能成为发明大王？如果莱特兄弟觉得"不可能"，怎么能发明了飞机？如果杨致远觉得"不可能"，怎么能创立了雅虎？……

完成不可能的超越，才是最华彩的生命乐章。男人如此，女人亦如此。一个成功者的一生，必定是与风险和艰难拼搏的一生。许多事情看似不可能，其实只是功夫未到。

第九章

善于倾听,摆脱焦躁不安的情绪

告诉自己不是宇宙的中心
不要害怕说出"不知道"
学会倾听别人的教诲
请先清空心里的砂石
理智地对待别人的建议
学会过滤掉谄媚之言
闻过则喜,听取他人对自己的批评
逆耳忠言要听取

告诉自己不是宇宙的中心

在工作和生活中，有些人想问题办事情总是以自己为中心，一切由着自己来，从来不曾想过去倾听别人的想法。这种做派往往招致别人的反感，把自己孤立起来，进而给自己带来烦恼。所以，我们有必要时时倾听别人的看法，给自己一个客观的评价。

法国哲学家罗西法古说："如果你要得到仇人，就表现得比你的朋友优越吧；如果你要得到朋友，就要让你的朋友表现得比你优越。"当我们的朋友表现得比我们优越时，他们就有了一种重要人物的感觉，但是当我们表现得比他们还优越，他们就会产生一种自卑感，形成嫉妒的情绪。

社会上，那些谦让而豁达的人总能赢得更多的朋友。他们善于放下自己的架子，虔诚、恭敬地对待身边的每一个人。反之，那些妄自尊大、高看自己小看别人的人什么事都爱露一手，仿佛就自己行，对别人不屑一顾，总认为，在这个世界上，唯我最大，舍我其谁。因此，只要是涉及利益重新分配或调整时，他都采取"当仁不让"的态度，因而什么都想沾，什么都想贪，这样的人到最后会受到人们的鄙视。正如希腊一位叫希尔泰的学者所说的："傲慢始终与相当数量的愚蠢结伴而行。傲慢总是在即将破灭之时及时出现。傲慢一现，谋事必败。"

有人认为，喜欢表现、张扬自己只是无伤大雅的小节，这种想法真是大错特错了。要知道每个人都希望得到他人的肯定性评价，都在不知不觉地强烈维护着自己的形象和尊严，如果为人处世时过分地显示出高人一等的优越感，目空一切、妄自尊大，那就是在无形之中对对方的自

第九章 善于倾听,摆脱焦躁不安的情绪

尊和自信进行挑战与轻视,对方的排斥心理乃至敌意也就不知不觉地产生了。

艾米一天辛苦之后酣然入睡。

一位玲珑的天使飞进窗口找上了她,说,聪明的艾米,每个人都应该得到一份适量的聪明和一份适量的愚蠢,可是匆忙中上帝遗漏了你的愚蠢,现在我给你送来了这份礼物。

愚蠢礼物?艾米很不理解。慑于上帝的威严,她接过天使包中的愚蠢,无可奈何地植入脑中。

第二天,她平生第一次讲话露出了破绽,第一次解题费了心思,她花了一个早晨记住了一组单词,三五天后却忘了将近一半。她痛恨这份"礼物"。深夜,她偷偷地取出了植脑不深的愚蠢,扔了。

事隔数天,天使来检查他自己做的那份工作,发现给艾米的那份愚蠢已被扔进了垃圾箱。他第二次飞入艾米的卧室,义正辞严地对她说,这是每个人都必须有的配额,只是或多或少罢了,每一个完整的人都应该这样。

不得已,艾米重新把那份讨厌的愚蠢捡了回来。但是,她太不愿意自己变成一个不很聪明的人了。她把愚蠢嵌进头发,不让其进入思维,居然骗过了天使的耳目。以后,艾米没有遇上一道难题,她没有考过一次低分,一直保持着强盛的记忆、出色的思维和优异的成绩。

当然,她也没有了苦役获释的愉快和改正差错后的轻松。更奇怪的是,也没有一个同伴愿意与她一起组队去出席专题辩论,因为她的精彩表现使同伴呆若木鸡;也没有哪个人愿意和她做买卖,因为得利赚钱的总是她;也没人与她恋爱,男人们无不怕在她的光环里被对比成傻瓜。连下棋打牌她都感到十分没劲,来者总是输得伤心。偶尔有一两次她给了点面子,卖个破绽,下个软招,也很容易看出是她在暗中放人一马,比她胜了还伤害人的自尊。

· 183 ·

她越来越孤独、空乏，真的也希望有份愚蠢了。但是，愚蠢是再也植不进她那聪明成性的脑袋了。她希望能再一次遇见天使，可天使再也没出现过。

因为只有聪明，艾米在痛苦中熬过单调的一生。

如果你带着羞怯和歉意告诉世人："大家听着，我知道自己实际上并不这么好，所以我想做得尽量符合你们的要求。"那么你就会赢得更多的朋友。

许多书籍和文章告诉我们应该怎么取悦别人，以得到别人的喜爱。要想受到他人喜欢，就要使自己变得讨人喜欢。所以，你必须顺从别人，不要攻击别人，并且多说别人想听的话。和同事相处的时候，要表现得比较圆络；和老同学相处的话，则力求平实。也就是说，在与人相处时要尽量表现出你的谦虚。谦虚，别人才不会认为你会对他构成威胁，才会赢得别人的尊重，从而建立和睦相处的人际关系。

王昆是人事局调配科一位相当得人缘的骨干，按说搞人事调配工作容易得罪人，可他却是个例外。但是，在他刚到人事局的那段日子里，在同事中他几乎连一个朋友都没有。因为他正春风得意，对自己的机遇和才能非常自信，因此每天都在极力吹嘘他在工作中的成绩，每天有多少人找他请求帮忙等得意之事。然而同事们听了之后不仅没有人分享他的快乐，反而极不高兴。后来经老父亲一语点破，他才意识到自己的错误。

从此，他就很少谈自己的成就而多听同事说话，因为他们也有很多事情要吹嘘。让他们把自己的成就说出来，远比听别人吹嘘更令他们兴奋。后来，每当他有时间与同事闲聊的时候，他总是先让对方滔滔不绝地把他们的成就炫耀出来，与其分享，只有在对方问他的时候，他才谦虚地表露一下自己。

别把自己摆得太高，为人应该谦逊、自制，这样别人才愿意亲近你，你做事才有帮手。反之，若恃才妄为、高傲自大、人皆远之，你就成了"孤家寡人"了。

妄自尊大和目空一切的结果只能使自己的形象扭曲，在伤害别人的同时也伤害自己。所以，注意收敛自己，也是保护自己的一种策略。用"往坏处想"的心态想事，以练达的状态做事，在待人接物上，有的人显得很幼稚：把人和事想得太好，一旦不如意便觉得似乎天都塌下来，所以跟人交往要么容易吃亏上当，要么动辄得咎。另有一些人则显得成熟老练：能看清人，也总能做对事。古人说"人情练达即文章"，要想写好这样一篇大文章，不妨凡事先往坏处想一想，有了这样的心理准备，就能拥有平和的心态。

不要害怕说出"不知道"

我国先哲孔子曾经说过："知之为知之，不知为不知，是知也。"他的话告诉我们这样一个哲理：坦然面对自己的无知，这是一种智慧。然而，在现实生活中，许多人不愿意说出"不知道"这3个字，认为那样做会让别人轻视自己，使自己很没面子。他们希望掩饰自己的无知，结果却往往适得其反。

有个美术评论家总是大吹大擂，凡事不懂装懂。

有一天，那个评论家受一位知名人士所邀请到家里做客。这位名人家里来了许多美术界的权威，他们畅所欲言，谈笑风生。

过了一会儿，主人拿来一幅画像说："这是我刚买来的毕加索的画，请诸位评论一下。"

于是，那个不懂装懂的评论家马上站起来说："色彩华丽，线条鲜明，果然是毕加索的画。你刚拿来的时候，我就看出是毕加索的画了。"

主人听完，再仔细看了一下画说："真抱歉，刚才我介绍错了，这不是毕加索的画，而是米开朗琪罗的作品。"

这时，那位评论家惊异地叫道："什么？米开朗琪罗的？"

顿时，在座的各位看着那个评论家捧腹大笑。评论家满脸通红，不好意思地低下了头。

做人不要不懂装懂，所以孔子才告诉子由："懂了就是懂了，没有懂就是没有懂，这才是真懂。"

古希腊著名哲学家苏格拉底曾说过："就我来说，我所知道的一切，就是我什么也不知道。"苏格拉底以最通俗的语言表达了进一步开阔视野的强烈愿望。

如果一个人对自己不明白的问题加以隐瞒，不去向别人请教，在别人面前仍然不懂装懂，那他就是太无知、太虚伪了。人不懂并不可怕，可怕的是不懂装懂。在这个世界上没有一生下来就上通天文、下知地理、晓古通今的人，人们都是在不断地学习探索中充实自己的。只有虚心向别人学习，不耻下问，才能不断进步。否则我们若像南郭先生那样"滥竽充数"，那只能是被后人贻笑大方，最终被社会淘汰。其实，对自己不知道的事情，坦率地说不知道，反而更容易赢得别人的尊重。

心理学家邦雅曼·埃维特曾指出，平时动不动就说"我知道"的人，不善于同他人交往，也不受人喜欢，而敢于说"我不知道"的人，则显示的是一种富有想象力和创造性的精神。埃维特还说，如果我们承认对某个问题需要思索或老实地承认自己的无知，那么我们自己的生活方式就会大大地改善。这就是他竭力倡导的态度，人们可以从中受到教益。

凡是聪明的人，都有勇气承认"没有人知道一切事情"这个事实。他们面对不了解的事情能够坦然地说自己不知道，随后就去寻找他们所

第九章 善于倾听,摆脱焦躁不安的情绪

欠缺的知识。承认自己不知道无损于他们的自尊,对于他们来说,"不知道"是一种动力,促使他们积极采取行动,进一步了解情况,求得更多的知识。

正因为人的心理通常是隐恶扬善的,所以人们会想尽办法来掩饰自己不知道的事情,宣扬自己所知道的事情。有时候,为了隐藏自己的弱点和无知,人们喜欢摆出一副不懂装懂的姿态,殊不知,这样反倒给人一种浅薄的感觉。

有一次,一位外国人去旁听一位美国加州大学著名教授的演讲。演讲上他提出他做的老鼠实验的结果。此时,有一位学生突然举手发问,提出了他的看法,并问这位教授假如用另一种方法来做,实验结果将会怎样?所有的听众全都看着这位教授,等着看他如何回答这个他根本就不可能做过的实验。结果,这位教授却不慌不忙,直截了当地说:"我没做过这个实验,我不知道。"

当教授说完"我不知道"时,台下响起了经久不息的掌声。

同样的情况假如发生在另一位教授身上,情形恐怕就会完全不同。他一定会绞尽脑汁,说出"我想结果是……"的话来。

一般人都有不想让别人看出自己弱点的心理,因此很难开口说"不知道"。殊不知,有时对自己不知道的事情坦率地说不知道,反而可以增加人们对你的信任和亲近。因为直截了当地说不知道,会给人留下非常诚实的印象,并且敢于当众说不知道,其勇气足以让人佩服。这样,对你所说的其他观点,人们会认为一定是千真万确的,因此对你也就会更加信任。

几乎每个人的知识面都是有限的,学问上的精通是相对的,认知上的缺陷是绝对的。世上没有无所不知、无所不能的"全才",尽管人们都在朝着这个方向努力。"知而好问然后能才",聪明而不自以为是,并且善于向别人请教的人才能成才。敢于承认有些事情、道理"不知

道"，正是求得"知道"的基础；对于"不知道"的事情强说"知道"，自作聪明，欺人自欺，最终只会贻笑大方。

学会倾听别人的教诲

俗话说："听人劝，吃饱饭。"一件事情，不同的人有不同的视角，别人给你的建议也许不能直接解决问题，但至少你可以认识到，这个问题还可以从另一个角度考虑。一种新的思路，往往就是换了个角度看的结果。"横看成岭侧成峰，远近高低各不同。不识庐山真面目，只缘身在此山中。"或许，你正烦恼不已的问题，就是因为你"身在此山中"呢。

美国历届总统中，最肯虚心求救于人的，莫过于老罗斯福了。他对于他所信任的人，总是放胆信托。他每遇到一件要事，常常召集与那事有关的人员开会，详细商议。有时为使自己获得更多的参考，甚至发电报至几千里外，邀请他所要请教的人前来商议。

而美国早期政界名人路易斯·乔治，治理政务也以精明周密而声名远播，但是他对于自己的学问还是常感怀疑。每当他做好了财政预算送交议会审核之前，几乎每天都和几位财政专家聚首商议；即使一些极细微的地方，也不肯放松求教的机会。他的成功秘诀可以一言以蔽之，就是："多多求教于人。"

有人说，美国钢铁公司的总经理贾里最爱听人对他发表意见，尤其是指责他的过失。他常常征求公司职员的意见，任何人对他说话时，他无不洗耳恭听。

古今中外的伟人中，善于使用"求教于人"成功秘诀的真是多得

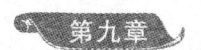

第九章 善于倾听,摆脱焦躁不安的情绪

不胜枚举,我们简直可以说,通常身为领袖的人物,大多有着这种乐于征询他人意见的习性。

我们更可以说,从一个人能获得外人助力的大小,可以决定他的伟大程度。一个聪明、有所作为的大人物,最能利用种种方法使人自动向他提供意见,并且善于审查这些意见,从中摘取有益于自己的加以利用。反之,那些庸碌无能的人,往往不懂得征询他人意见的方法,即使获取了他人的意见,也不能加以正确地选择和适当地利用。

也许你常常把自己能独断独行当作一桩可骄傲的事,而把听取他人的意见当作是可耻的事情,其实这是一个莫大的谬见。当他人拿许多意见来供你参考时,正是你可以利用来把事情做得更加完美无缺的机会。如果你错过了这种机会,蒙受最大损失的不是别人,而是你自己。

在第一次世界大战时,鲁宾逊上校正在前线督战,属下有两个违反军纪的军人逃到德军前线去了。鲁宾逊立刻命他队伍中的一个上尉带领一支兵马,前去将犯人捕回。但这个上尉是个有勇无谋的人,事先既不周密计划,也不征询别人的意见,单单仗着那股愚勇,草率地前去血战,结果吃了一场败仗,全军覆没。

当失败的消息传来后,鲁宾逊只好再命另一个上尉率领另一支兵马前去。这个上尉就深明成功的诀窍,他先去找一位法国军官,把自己将要实施的计划告诉了他,并征询他的意见。那位法国军官当然乐于指教,便根据自己的经验,告诉他一个最稳当的方法,他用这方法去做,果然将犯人安然捕回。

同是两个勇敢的上尉,只因前者喜欢独断独行,以致功业无成反而遭受杀身之祸;而后者由于肯向人虚心求救,不但保障了自己的生命,还圆满地完成了任务。所以我们说:求教于人不但不是一种可耻的行为,反而更显示一个人有思想、肯进取、有机智。试想,你独断独行,即使侥幸成功,又有什么值得格外自傲呢?

也许你常常看见有些资格老到的人,能够独断独行而百无一失,便觉得万分羡慕。其实你还是只知其一不知其二,那些人能够独断独行而百无一失,正是由于他们在平日肯多多吸收学识,累积多年经验的结果。他们的作为,绝非那些学浅识陋、专以自炫"聪明"而独断独行的年轻人所可比拟。

当柯金斯担任美国福特汽车公司总经理时,有一天晚上,公司里有事要发通告信给所有的营业处,因为十分紧急,所以这天晚上公司里的职工全体动员协助,连总经理柯金斯先生也一同工作得十分紧张。当柯金斯命令一个做书记的下属帮忙套信封时,那个年轻职员认为做这种事情有碍他的身份,便争辩说:"我不愿意干!我到公司里来,不是来做套信封的工作的。"

柯金斯听了这话当然怒上心头,但他仍若无其事地说:"好吧,既然做这件事对你是种侮辱,那么就请你另谋高就吧!"

于是那个青年一怒而出,跑了许多地方,换了好几种工作,最后他还是鼓起勇气重新回到福特公司来工作。他与柯金斯先生见了面,很诚挚地说:"我在外面经历了许多事情,经历得愈多,愈觉得我那天的行为错了。因此,现在我仍想回到这里工作,不知你还肯任用我吗?"

"当然可以。"柯金斯说,"因为现在你已完全改变了。"

柯金斯先生提供给那青年的意见并没有错。如果那个青年当初接受他的意见,又何必到外面去兜那样一个大圈子呢?

后来,柯金斯先生述及此事时说:"重新回到公司后,那个青年开始尊重别人的意见,不再独断独行,现在他已成了一个很有名的大富翁。"

其实,世上再没有比听取别人的意见更容易做到的事了,但一般经验不足的人,大多不愿那样去做,难怪他们会到处碰钉子呢。如果你希望做事少碰钉子、少失误,最聪明的办法,就是多多参考别人的意见。

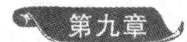

第九章 善于倾听，摆脱焦躁不安的情绪

有许多意见，常常是人家付出了极大的代价换得的经验之谈，他既然肯让你不费吹灰之力地去利用，你又何乐而不为呢？

请先清空心里的砂石

人的头脑就像一只水杯，里面能盛的东西是有限的，要想把新的东西放进去，就要把旧的东西拿出来。善于倾听的人，总是把自己的心灵清空，留下很大空间来接纳别人的意见，这就是人们常说的"虚怀若谷"。所以，请把头脑的杯子空出来，这样才能真正接受别人的意见！

某电视台曾制作过一期节目，介绍了香港"领带大王"曾宪梓的创业经历。

曾宪梓创业初期如何打开局面的经历非常精彩，也是对"空杯"的最好阐释。

曾宪梓出身寒苦，年轻时，他自己成立了一个小领带厂，从事领带的制作和销售。由于当时香港主要销售的都是国外的领带，所以他的生意并不好做，为了打开局面，他不得不自己到处去推销。

有一次，他到一家西服店推销领带。没想到进了西服店，没说上几句话，就被老板骂了出来。

如果遇到这种情况，很多人都会生气，觉得这位老板实在太没有修养了。不做生意就不做吧，为什么要骂别人呢？

曾宪梓起初也很生气和伤心。但因为从小母亲就对他教育非常严格，每次曾宪梓和别人发生了矛盾，不管他有没有理，母亲都要求他先向别人去道歉。

这种凡事先反思自己不对的教育对他一生影响都很大，这次也不例外。他想，是不是因为自己有什么做得不好的地方，才引起了老板的反感？

于是，第二天，他带着两杯刚从咖啡店买来的热腾腾的咖啡，又去了那家西服店。西服店老板一看又是他，正想发火。但听着曾宪梓诚恳的道歉和虚心的请教，老板的脸色终于缓和下来了，他对曾宪梓说："你知不知道，你昨天进来的时候，我正在向客人推销我的产品。可你却看都不看，就开始推销你的领带，弄得我没法继续做生意，你说我能不生气吗？"

曾宪梓这才恍然大悟。通过这件事，他学到了做生意十分重要的一课：要成为一个成功的商人，就得学会察言观色。

当然，他得到的远不止这一点，他的谦虚和好学让西服店老板十分欣赏，于是答应帮他代销领带。后来看到领带的质量很不错，老板又将他介绍给了自己的一些朋友和生意伙伴。

最初的创业局面，就这样被曾宪梓打开了！

通过曾宪梓的故事，我们可以总结出这样三个观点：第一，要成功，必须懂得人性的辩证法。经营企业就是经营人性，正如日本的"经营之圣"稻盛和夫所指出的那样："世界上什么东西最不牢靠？人心之间的关系最不牢靠。但是，假如经营得好，世界上就没有比人心更牢固的纽带。那么，怎么才能建立人心之间最大的纽带呢？关键是首先拿出自己的心。所谓爱出者爱返，福出者福回。只有你先把爱、关心、尊重给予别人，才能得到同样的回报。"

第二，要成功，必须做到"不因为别人的脸色改变自己的态度，而要用自己的态度改变别人的脸色"。

第三，要取得最好的成功，必须学会彻底倒空自己。

曾宪梓遵循的原则是：只要自己与别人有矛盾，别人哪怕只有10%的正确，他也在态度上体现出来别人是100%的对，虚心承认自己的不足并向人请教；而自己，哪怕只有10%的错误，他也认为是100%的错误，所以要彻底反思和改正。

有时坎坷和挫折会以当头棒喝的方式出现，这时候，就需要你有勇气接受这种剧烈的震荡，甚至将当头棒喝变为自己"空杯"的最大动力。如果能够做到这一点，就找到了腾飞的最好契机。

"空杯"心态也是分层次的。有彻底的"空杯"，也有半拉子的"空杯"，也有一点点的"空杯"。不同程度的"空杯"，会造成不同效果。"空杯"的程度越高，超越的程度越高；"空杯"的程度越低，超越的程度也越低。要创造一流甚至永创一流，就得学会彻底和永久"空杯"！要取得最大成功，就得学会"彻底倒空"。不管个人还是单位，其超越的程度，总是与"空杯"的程度成正比。

理智地对待别人的建议

芸芸众生，苍茫宇宙，我们生而为人，就注定不能孤独存在，更不能完全按照自己的意志去生活。我们的父母、老师、朋友等，都会关注我们的成长，在很多时候，我们都会得到来自他们的建议。这些建议的初衷也许是好的，但是作为我们，在关注这些建议的同时也要客观审视它们，坚决不能为了自己的虚荣心而盲目接受这些建议，因为即便是好的建议，也不一定都适合自己。

人有一个习惯，常常会不自觉地问问别人，自己的衣着、言谈、工作表现等如何。其实，这也是一个人潜在的虚荣心的体现。

我们时常会遇到这样的情况，当我们需要作出一个决定的时候，尤其是在我们取得一些成绩的时候，总是有很多热心人给我们出主意：张三认为这样会更有发展前途，李四、王五也忙着附和。这时候，他们的建议非常容易被采纳，因为他们对你的成绩给予了肯定，这在一定程度上满足了你的虚荣心，而且他们的建议从表面上看又确实是为你着想。他们的本意也许都是好的，可是，他们的建议是否可行呢？这就需要你理智地对待，不要盲目接受，否则到最后后悔也来不及了。

有一只猴子，身材很修长，天生就很会跳跃，所以它一直有着"跳远第一名"的美誉，为此，它感到无比自豪和光荣。一天，森林里的国王宣布，要举办运动大会，以提倡全民运动。

于是，猴子就报名参加"跳远"项目。果然猴子击败了鸡、鸭、鹅、小狗、小猪……夺得了跳远比赛的冠军。

后来，有一只老狗告诉猴子："猴子啊，其实你的天分资质很好，体力也很棒，你只得到跳远一项金牌，实在很可惜。我觉得，只要你好好努力练习，你还可以得到更多的金牌啊！"

"真的啊？你觉得我真的可以吗？"猴子受宠若惊地说。

"没错啊，只要你好好跟我学，我可以教你跑百米、游泳、举重、跳高、推铅球、跑马拉松……你一定没问题啊！"老狗说。

在老狗的怂恿之下，猴子每天的训练被安排得满满的，先是跑百米，接着是游泳，游累了，就练举重，然后再练跳高、推铅球，也跑马拉松……

第二届运动大会又到来了，猴子报了很多项目，可是它跑百米、游泳、举重、跳高、推铅球、马拉松……没有一项入围，连以前最拿手的跳远成绩也退步了，在初赛就被淘汰了。

有些人的虚荣心本来就很强，再加上别人的怂恿，就以为自己无所不能，既可以当演员，又可以当作家；既可以是演说家，又能是主持人；既可以参与公益活动，更能投资开公司、当老板……最后的结果往往是一事无成，落得竹篮打水一场空的下场。

第九章　善于倾听，摆脱焦躁不安的情绪

作为一个具有正常思维的人，谁都不会漠视他人对自己的评价，我们谨言慎行就是不愿意授人以柄。很多时候，他人的议论、他人的说道、他人的观点、他人的态度，都会对我们的心情和行为产生极大的影响。赛场上的啦啦队员无疑会影响到运动员的成绩，至少也会影响到运动员的士气。他人的意见往往也是我们自己行为的镜子，我们总是在别人的目光中调校着自己的人生坐标。那么是不是校正的结果就一定是好的呢？同理，不校正的结果就一定是坏的吗？

我们再来看一则寓言故事：

一群青蛙在高塔下玩耍，其中一只青蛙建议：“我们一起爬到塔尖上去玩玩吧。”众青蛙都很赞同，于是它们便聚集在一起相伴着往塔上爬。爬着爬着，其中聪明者觉得不对：“我们这是干嘛呢？这又干渴又劳累的，我们费劲爬它干嘛？"大家都觉得它说得不错。于是青蛙们都停下来了，只剩下一只最小的青蛙还在缓慢地坚持着。众青蛙对它的坚持嗤之以鼻，并且不断地嘲笑它傻。但那只小青蛙充耳不闻，坚持向上爬去。过了很长的一段时间，它终于爬到了塔尖。这时，众青蛙不再嘲笑它了，而是从内心里都很佩服它。

那么，到底是一种什么样的力量支撑着这只青蛙坚持爬上去的呢？因为这只小青蛙是个聋子，它当时只看到了所有青蛙都开始行动，但它没听见大家的议论，所以它没有想到放弃。小青蛙听不见众青蛙的议论和嘲笑，也就是说，它没有被群体的意见所左右。然而，假设小青蛙不是聋子，听到众青蛙的议论它还会坚持往上爬吗？恐怕就不一定了。

这个结果似乎有点让人哑然，但同时也说明了别人的言论力量是多么大，大到足以决定一个人的成败！

生活中，有些人因为时常顾虑到"别人怎样说"，只好一年到头在不知究竟怎样才好的为难紧张之中团团转，总也走不出一条路来。

这种人，即使侥幸由于他天生的善于应付，而能做到"不受批评"

· 195 ·

的地步，他最大的成就也不过是个不被讨厌的人。别人所给他的最大的敬意，也不过是说他一句圆滑周到而已，而对他自己本身来说，因为他终生被驱策在"别人"的意见之下，一定感到头晕眼花、疲于奔命，把精力全部消耗在应付环境、讨好别人上，以致没有余力去追求自己的梦想。

当然，一个人不应该独断独行，不顾及旁人的意见。但我们在听取别人的意见之后，一定要经过自己的认定和理解，用足够的理智去辨析。有的时候，我们应该坚持己见，而不是过分地关注别人的意见。

人有一个最大的毛病，就是在取得一点成绩的时候容易沾沾自喜、头脑发热。这时候，他心底的虚荣心就暴露无遗，并成为一个致命的弱点。如果再有人在他耳边吹点热风、提点建议，他的虚荣心马上就像膨胀的气球一样飘飘然了，也就丧失了对那些建议作出理智客观判断的能力，不管三七二十一就按照别人说的做了。殊不知，别人的建议往往不易把自己打造成风云人物。相反，这种虚荣只会把我们身上原本耀眼的东西磨蚀掉，使我们回归平庸。

学会过滤掉谄媚之言

在生活中，我们常常听到很多溢美之词，有些是出于礼貌的客套，有些则是谄媚之言。孔子说过："巧言令色，鲜矣仁。"谄媚阿谀之辞，从来都是人们所警惕的。这些话听起来舒服，就像药品外面的糖衣，里面隐藏的却是一套不可告人的算计。轻信这些话，往往令人自我膨胀，进而犯下错误。聪明的听者，要学会把这些谄媚之言过滤掉。

数千年来，善于溜须拍马、阿谀奉承的人常常颇受欢迎，有时甚至

第九章 善于倾听,摆脱焦躁不安的情绪

大行其道,原因就是人们的虚荣心给这类人制造了肥沃的生存土壤。所以有人说,阿谀是一种伪币,它只有通过我们的虚荣心才得以流通。

《战国策》记载,齐国宰相邹忌,身材魁梧,容貌出众,堪称为美男子。有一天,他穿戴整齐准备出门时,很满意地问妻子说:"你看我和城北的徐公哪一个比较俊美?"

他的妻子说:"当然是宰相美啦,徐公哪里能跟您比呢?"

大家都知道,城北的徐公是天下公认的美男子,邹忌听了妻子的赞美虽然沾沾自喜,但却还是没有太大的自信。于是,又问爱妾,爱妾也毕恭毕敬地对他说:"宰相,您的风流倜傥是无人可及的。"

第二天,恰巧有客人来访,邹忌又问了同样的问题,客人的回答也和妻妾一样,邹忌不禁陶然了。

隔了一天,徐公翩然来访,邹忌仔细端详,发觉他眉宇间所展露的俊逸,实在不是自己能比得上的,不论再怎么偏袒自己,仍旧是自叹弗如。邹忌思索了良久,不禁大悟:"夫人说我美,是偏袒我,妾说我美,是怕我嫌恶她,而访客这么说是因为有求于我。"

邹忌对此感慨颇深,就在早朝的时候,把这件事告诉了齐威王,并说:"齐国幅员广大,城池不下120个,人民也已百万计,后宫佳丽岂止千百。他们中的许多人害怕大王,想要得到利益,一定会百般地袒护大王,千方百计地谄媚、献殷勤,大王可能受到的弊害,比我严重多了,请大王不要因为这些殷勤而迷失了自己。"

"说得好,"齐威王频频颔首称好,同时颁诏旨,"今后,凡是毫无忌惮直谏本王错误的人,给予重赏;上书论政的人,给予中赏;在街头巷尾或是大庭广众之下批评本王,被本王听到的,给予下赏;谄媚、赞美的人则无赏。"

拍马屁,是人们在日常生活中经常碰到的事情,而且在有些时候,我们自觉不自觉地就拍了别人的"马屁"。当然也会被别人自觉不自觉

地拍了自己的"马屁",这些都是不可避免的。当然,对"拍马屁"与"被拍马屁",大可不必过于在意。但是,我们还是应该知道,那些阿谀奉承之言,其实是含有相当多的水分的。如果你是普通人,那么要对自己有一个客观的认识,不可在别人的"马屁"里迷失了自己;如果你是领导,千万不要在别人的"马屁"里晕了方向,为其大开绿灯,最终使自己上当受骗。

在日常生活中,就有那么一帮人非常擅长拍马屁,而且他们还具有相当技巧,拍起马屁来不显山、不露水,让你浑然不觉,不知不觉中上了他的当,最终受害的还是自己。但是由于人的虚荣心在作祟,不少人被奉承者弄昏了头:谁对他毕恭毕敬、阿谀奉承,他就对谁恩宠有加,大加赞赏和关爱。无疑,这种人更助长了阿谀之风的盛行。

我们应当保持一个清醒的头脑,辨别哪些是实事求是的评价,哪些又是阿谀奉承之词;在阿谀奉承之中,哪些人是出于真心而稍稍过分地赞美几句,哪些人是企图通过奉承而达到自己的某种企图;哪些奉承之词中含有可吸取的内容,哪些奉承话都是凭空捏造、子虚乌有等。

对于那些实事求是的评价,要认真听、认真记,并注意在以后的工作中继续保持这种风格。这样不仅能赢得人们的信任,也会对我们的发展起到良好的促进作用。

对于出自真心而稍稍过分地赞美几句的人,我们不妨一笑了事,抑或谦虚一下,让别人在真心赞美你的能力的同时,也认识到你的人格魅力。这样,岂不是更有助于你赢得朋友的信任和尊重吗?

大部分人都会因为别人的谄媚阿谀、奉承巴结而得意忘形,可是那些表面光鲜艳丽的阿谀奉承之言有几句是真心话呢?结果,这些奉承之词只会让你迷失自己,为人所利用尚不自知。

第九章 善于倾听,摆脱焦躁不安的情绪

闻过则喜,听取他人对自己的批评

现实生活中,每个人都处在别人的观察之下,有些问题,旁观者比当事人看得更清。有些人为了维护自尊心,不愿意别人对自己的错误说三道四,甚或总是怀疑有人在背后议论自己。疑神疑鬼,不但延误了错误的纠正,而且这么做也不会真有安心快乐。闻过则喜,虚心听取别人的批评,有错即纠,才能安心自在。

没有人喜欢自己被指责,哪怕自己犯了错误。所以,当知道自己犯了错误的时候,最初的,也是最强烈的反应就是为自己辩护、为自己开脱。而实际上,这种文过饰非的态度常会使一个人在人生的航道上越偏越远。

一个人在前进的途中,难免会出现这样或那样的过错。对一个欲求达到既定目标、走向成功的人来说,对待自己过错的正确态度应当是过而不文、闻过则喜、知过能改。

"过而不文"需要一种自觉的纠错意识和宽广的胸怀。一般人做不到这一点,原因是虚荣心在作祟。一些人有很强的能力,很少有失误发生,久而久之,自然养成了"自己一贯正确"的意识,一旦真的出现过错,会从心理上难以接受。出于对面子的维护,不少人会找理由开脱,或者干脆将过错掩盖起来。

知过能改,则是使一个人在激烈的竞争中从一个胜利走向另一个胜利的关键。"过而不改,是谓过矣!"有了过失并不可怕,怕的是不思悔改、一味坚持。这种人很难走向人生的辉煌。

格里·克洛纳里斯在北卡罗来纳州夏洛特当货物经纪人。在他给西

尔公司做采购员时，发现自己犯下了一个很大的估计上的错误。有一条对零售采购商至关重要的规则，是不可以超支你的所开账户上的存款数额。如果你的账户上不再有钱，你就不能购进新的商品，直到你重新把账户填满，而这通常要等到下一次采购季节。

那次正常的采购完毕之后，一位日本商贩向格里展示了一款极其漂亮的新式手提包。可这时格里的账户已经告急。他知道他应该在早些时候就备下一笔应急款，好抓住这种叫人始料不及的机会。

此时他知道自己只有两种选择：要么放弃这笔交易，而这笔交易对西尔公司来说肯定会有利可图；要么向公司主管主动承认自己所犯的错误，并请求追加拨款。正当格里坐在办公室里苦思冥想时，公司主管碰巧顺路来访。格里当即对他说："我遇到麻烦了，我犯了个大错。"他接着解释了所发生的一切。

尽管公司主管平时是个非常严厉苛刻的人，但他深为格里的坦诚所感动，很快设法给格里拨来了所需款项。手提包一上市，果然深受顾客欢迎，卖得十分火爆。而格里也从超支账户存款一事中汲取了教训。

这个故事告诉我们，当不小心犯了某种大的错误时，最好的办法是坦率地承认和检讨，并尽可能快地对事情进行补救。只要处理得当，你依然可以赢得别人的信赖。

喜欢听赞美是每个人的天性。忠言逆耳，当有人，尤其是和自己平起平坐的同事对着自己狠狠数落一番时，不管那些批评如何正确，大多数人都会感到不舒服，有些人更会拂袖而去，连表面的礼貌也不会做，令提意见的人尴尬万分。这样的结果就是，下一次如果你犯再大的错误，也没有人敢劝告你了，这不仅会让你在错误的路上越滑越远，更是你做人的一大损失。当我们错了，就要迅速而真诚地承认。

如果你在工作上出错，就应该立即向领导汇报自己的失误，这样当

第九章　善于倾听，摆脱焦躁不安的情绪

然有可能会被大骂一顿，可是上司的心中却会认为你是一个诚实的人，将来也许对你更加器重，你所得到的，可能比你失去的还多。

事实上，一个有勇气承认自己错误的人，他不但可以获得某种程度的满足感，还可以消除罪恶感，有助于弥补这项错误所造成的后果。卡耐基告诉我们，傻瓜也会为自己的错误辩护，但能承认自己错误的人，就会获得他人的尊重，而且令人有一种高贵诚信的感觉。

承认错误是一种人生智慧，只有人们对错误采取认真及科学的分析态度，才能反败为胜。现实中，许多人为了面子死不认错，硬认死理，只有让自己一错再错，损失更大的"面子"。

由此，一个人要想有面子，就要不怕丢面子。孔子说："过而不改，是谓过矣。"意思是说，犯了一回错不算什么，错了不知悔改，才是真的错了。

闻过则喜、知过能改，是一种积极向上、积极进取的人生态度。只有当你真正认识到它的积极作用的时候，才可能身体力行去聆听别人的善意劝解，才可能真正改正自己的缺点和错误，而不致为了一点儿面子去忌恨和打击指出自己过错的人。闻过易，闻过则喜不易，能够做到闻过则喜的人，是最能够得到他人帮助和指导的人，当然也是最易成功的人。

在我们犯了错误的时候，总是想得到别人的宽恕，而不是斥责。其实，宽恕是对我们的纵容，别人宽恕了我们第一次，我们可能会犯第二次、第三次同样的错误。我们要学会在犯了错误的时候坦率地承认，并担负我们该负的责任，而不是为了怕丢面子而百般地辩解，文过饰非。

逆耳忠言要听取

我们都知道"良药苦口利于病，忠言逆耳利于行"这样的大道理，可是，我们谁都不愿意听那些"逆耳忠言"，都喜欢那些"甜言蜜语"。唯有明心见性的智者，才能克制住心里的浮杂之念，敞开心扉，认真听取那些刺耳但有益的告诫。

隋炀帝是历史上有名的昏君，他曾对大臣说："我天性不喜欢听相反的意见，对所谓敢犯颜直谏的人，都自说其忠诚，但我最不能忍耐。你们如果想升官进爵就一定要听话。"如此露骨的话，可见隋炀帝拒谏之心何其顽固。凡是向他提出中肯意见的人，都被他以各种罪名加害，最后留在他身边的都是些奸佞小人。这些人整天报喜不报忧，从不把各地农民起义的情况报告给隋炀帝。随驾的官兵害怕继续服从皇帝，有一天会玉石俱焚，于是发动兵变，隋炀帝死于乱兵之手。

如此露骨地宣称自己就是爱听奉承话，实在是让人汗颜。像他这样的虚荣之人，哪里会长久地统治江山？果真短短的15年后，就众叛亲离，国家易主，他也由此背上了千古骂名。

有一则寓言说的是住在北邙山的一家，主人叫弥子麃。在他家办喜事的时候，笼中的喜鹊在一边婉转鸣唱，槐树上的乌鸦却"呱呱"乱叫，扰乱了喜庆的筵席。这时，一位老人经过说："乌鸦'呱呱'乱叫，它在警示人们洪水要来了！大家赶快逃命去吧！"

而这位弥子麃却不信，认定乌鸦是丧门星，报忧不报喜，会带来灾难，而喜鹊报喜不报忧，唱歌说明根本没有洪水。于是，弥子麃一家三代36口人坚守"家园"。不料洪水果真来了，要逃跑为时已晚，弥子

第九章 善于倾听,摆脱焦躁不安的情绪

麋一家全都做了水中鱼鳖。

《汉书·霍光传》中也曾记载了这样一个故事:有个人在他新房盖起来后,宾客人人称赞。但有人却说,这烟囱太直容易喷火星,柴草(薪)堆得太近,容易发生火灾。这些话都惹得主人很不高兴。不久,主人家果然失火,幸亏邻居及时赶来把火扑灭,才没有造成更大的损失。

事后,主人杀牛摆酒,酬谢前来救火的邻居。他特地请那些被火烧得厉害的人坐在上首,其他的则按照出力大小安排座次,唯独没有请建议他改砌烟囱、搬走柴薪的那个人。

由于虚荣心在作怪,很多人不愿意在别人面前承认自己的不足或过失。如果我们能少一点虚荣心,在事前能不断听取别人合理的意见和建议,在事后能虚心地放下架子承认不足或过失,那么我们的人生就可以少走很多弯路。

在生活和工作中,我们也常常会碰到一些给我们找点刺、挑点小毛病的人,虽然他们有时会让我们不高兴,但在我们的成长过程中,却不能缺少这类人,他们可以让我们时时警惕,少犯错误。一个人如果缺少了提醒,缺少了约束,那么他离身败名裂的日子也就不远了。古今多少腐败案例,探其根源,皆是因缺少了权力的监督,个人可以随心所欲,为所欲为,只手遮天,最后走上了不归路。实际上,这类事情历史上屡见不鲜。

《史记·赵世家》记载:战国时期,赵简子家臣周舍敢于犯颜直谏,深受赵简子器重。周舍死后,赵简子每次临朝都显出一副很沉闷的样子。诸大夫不知何事,前去请罪,赵简子说:"大夫无罪。吾闻千羊之皮不如一狐之腋。诸大夫朝,徒闻诺诺,不闻周舍之谔谔,是以忧也。""诺诺",指遇事唯命是从、逢人点头哈腰,正所谓"唯唯诺诺"。"谔谔",则指直言不讳、敢讲真话,遇到分歧时勇于据理力争。赵简

子深谙忠谏的重要性，宁可听到周舍的逆耳忠言，也不愿听满朝的附和之声。

奉承话虽然听来顺耳，却能害人；有些忠告听来虽然是让人心生不快，但那却是真的在助你。实际上，赵简子不仅仅是在表扬周舍的忠直，也是在勉励大臣们都向周舍学习。所以，作为人，一定要克服自己的虚荣心，不要只听那些悦耳的"歌声"，也要适时地听听那些逆耳的忠言。

良药再苦，我们也会捏着鼻子将其咽下，因为不咽下去就要忍受疾病的折磨，喝良药的目的是治病。同理，忠言虽然听起来不舒服，远没有那些美妙的溢美之词受用，可是为了防患于未然，为了以后不付出更大的代价，还是耐心一点，宽容一点，听听那些善意的忠告吧。

第十章

享受生活,为人生找个快乐的活法

有健康的身体,才有快乐的生活
让亲情的阳光温暖人生
用忘记清理生活中的不快
分享是一种更大的幸福
凡事多从好处想
向别人借一份快乐
用宽恕消除怨恨的阴影
糊涂也是一种学问
小人物未必不快乐

有健康的身体，才有快乐的生活

社会竞争激烈，为了富足的生活，人们忙忙碌碌，但你也不应忘了抽出时间锻炼身体，看看风景，只有懂得合理休息的人才能有健康的身体，才能有愉悦的人生。财富可追求却不可强求，每个人都要保持一种平和的心态，摆正财富的位置。有句俗语像是永远的真理：金钱不是万能的，不要只为金钱而生活。

老约翰·洛克菲勒在 33 岁那年赚到了他一生中第一个 100 万，到了 43 岁，他建立了世界上知名的大企业——标准石油公司。但不幸的是，53 岁时，他却成为事业的俘虏，充满忧虑及压力的生活早已压垮了他的健康。

他的传记作者温格勒说，他在 53 岁时，看来就像个手脚僵硬的木乃伊。洛克菲勒此时因患上不知名的消化症，头发不断脱落，甚至连睫毛也无法幸免，最后只剩几根稀疏的眉毛。温格勒说："他的情况极为恶劣，有一阵子他只得依赖酸奶为生。"医生们诊断他患了一种神经性脱毛病，后来不得不戴顶帽子。不久以后，他定做了一顶假发，终其一生都没有再摘下来过。

洛克菲勒在农庄长大，曾经有着强健的体魄，宽阔的肩膀，走起路来更是步步生风。可是，对于多数人而言的巅峰岁月，他却已肩膀下垂，步履蹒跚。这位传记作者说："当他照镜子时，看到的是一位老人。他之所以会如此，是因为他缺乏运动和休息。由于无休止地工作、操劳，导致严重的体力透支，他也为此付出惨重的代价。他虽然是世界上最富有的人，却只能靠简单的饮食为生。他每周收入高达几万美金。可

第十章 享受生活，为人生找个快乐的活法

是他一个礼拜能吃得下的食物要不了两美金。医生只允许他进食酸奶与几片苏打饼干。他的脸上毫无血色，用瘦骨嶙峋、老态龙钟形容他一点也不为过。他只能用钱购买最好的医疗，使他不至于53岁就离开人世。"

忧虑、惊恐、压力及紧张已经把洛克菲勒逼近坟墓的边缘，他永不休止、全心全意地追求目标。据亲近他的人表示，当他赔了钱时，他就会大病一场。有一次，他运送一批价值4万美金的谷物取道伊利湖区水路，保险费用要250美元，他觉得太昂贵就没有买保险。可是当晚伊利湖有暴风，洛克菲勒担心货物受损，第二天一早，他的合伙人跨进他办公室时，发现洛克菲勒还在室内来回踱步。

洛克菲勒说："快点！去看看我们现在投保是不是还来得及。"于是合伙人奔到城里找保险公司。可是当合伙人回到办公室时，发现洛克菲勒的情况更糟。因为他刚好收到电报：货物已安抵，并未受损！可是洛克菲勒更生气了，因为他们刚花了250美元投保费用。因为这件事，他把自己搞病了，不得不回家卧床休息。想想看，他的生意一年赢利50万美元，他却为了区区250美元把自己折腾得病倒在床上。

拥有百万财产，却怕付之东流。可以肯定地说，洛克菲勒的健康是由忧虑一手毁灭的。他从没有闲暇去从事任何娱乐，从来没有上过戏院，从来不玩牌，也从来不参加任何宴会。马克·汉纳对他的评价是："一个为钱疯狂的人。"

最后，医生终于对他宣布，在财富与生命中任选其一，并警告他如果继续工作，只有死路一条。如果想要长寿人生，洛克菲勒必须遵守三项原则：

第一，避免忧虑。决不要在任何情况下为任何事烦恼。

第二，放轻松，多在户外从事温和的运动。

第三，注意饮食，只吃七分饱。

洛克菲勒不得不谨记这些原则，也因此捡回一条命。退休后，他开始学打高尔夫球，从事园艺，与邻居聊天、玩牌，甚至唱歌。

不过他还做了别的事。温格勒说："在失眠的夜晚，洛克菲勒有足够的时间自省。他不再想要如何赚钱，他开始为别人着想，思考如何用钱来换取他人的幸福，洛克菲勒开始把他的百万财富散播出去。他捐钱给教会；建立世界知名的芝加哥大学；他也帮助黑人，他捐助黑人大学。后来他更进一步，成立了世界性的洛克菲勒基金会，一直在对抗世界上的疾病与无知。散尽千万财富，帮助那么多人，他终于寻回心灵的平静，真正地得到了满足。这时有人会说：'如果人们对洛克菲勒的印象还停留在标准石油公司的时代，那就大错特错了。'"

洛克菲勒开心了，他彻底地改变了自己，已成为毫无忧虑的人。当他遭受事业重创时，再也不为此而牺牲睡眠。任何人都难以相信，曾为250美元而失眠的人现在竟然如此轻松，也正是掌握健康比金钱更重要的秘诀后的轻松，使他活到98岁。

一个人不应该只为金钱负责，而应首先对自己的身体负责。看看你自己，是否为了赚钱而忽视身体，如果没有，那当然值得庆幸；如果有，那就赶紧将自己解脱出来吧。

对大多数人来说，现在拼命工作，是为了将来可以"少干活"或"不必工作"，希望有朝一日能整天游山玩水，过着享乐的日子。但对某些人来说，他们之所以工作，是因为他们无法从工作中自拔，离不开工作，他们就像一台高速运转的机器一样，完全无法让自己停下来。

年轻人参加工作不久，缺乏工作经验和生活积累，为了提高业务，做出成绩，工作上肯定要付出，但绝对不能极端到以损害健康甚至是死亡作为代价。企业也应在潜移默化中营造一种人文关怀，对年轻人的生活给予适当关注。对于某些不会休息的工作狂，甚至要逼着他去休息。

会休息的人才是会工作的人。要想有健康的身体必须吃好、睡好、

第十章 享受生活，为人生找个快乐的活法

玩好，身心的轻松愉快才是最好的休息。一个人无论做什么，都应该知道在什么时候放下工作轻松一会儿，在紧张的工作中松弛自己的神经。

让亲情的阳光温暖人生

亲情，是人间最美丽的真情。亲人之间的互相关爱、互相帮助，甚至为了亲人而牺牲生命的壮举，都重复着这样一个古老的真理：血浓于水。爱情可能褪色，友情可能变质，唯有亲情如同一壶老酒，历久弥香。亲情是生活中的阳光，无处不在。没有了亲人的关心，没有了亲人的温暖，就像天空失去了太阳，必将是黯然无光。

一位爸爸下班回家很晚了，很累并有点烦，他发现5岁的儿子靠在门旁等他。

小孩说："爸爸，我可以问你一个问题吗？"

"当然可以，什么问题？"父亲回答。

"爸爸，你一小时可以赚多少钱？"小孩子问。

"这与你无关，你为什么问这个问题？"父亲生气地问。

"我只是想知道，请告诉我，你一小时赚多少钱？"小孩哀求。

"假如你一定要知道的话，我就告诉你，我一小时赚10美金。"父亲说。

"喔！"小孩低着头这样回答。小孩接着说："爸，可以借我5美金吗？"

父亲发怒了："如果你问这问题只是要借钱去买毫无意义的玩具或东西的话，马上给我回到你的房间好好想想为什么你会那么自私。我每天长时间辛苦工作着，没时间和你玩小孩子的游戏！"

听了父亲的话，小孩安静地回了自己的房间并关上门。这位父亲坐下来还对小孩刚才提的问题生气，他很奇怪这么小的孩子怎么敢只为了钱而问这种问题。约一小时后，他平静下来了，开始想着他可能对孩子太凶了。或许他应该用那5美金买小孩真正想要的东西，孩子并不常常要钱用。

父亲走到小孩的房间并打开门。

"你睡了吗，孩子？"他问道。

"爸爸，还没睡，我还醒着。"小孩回答。

"我想过了，我刚刚可能对你太凶了。"父亲说，"我将今天的闷气都爆发出来了。这是你要的5美金。"

小孩笑着坐直了起来，"爸，谢谢你。"小孩叫着。

接着小孩从枕头下拿出一些被弄皱了的钞票。父亲看到小孩已经有钱了又向他要钱，忍不住又要发脾气。小孩慢慢地数着钱，接着看着他的爸爸。

"为什么你已经有钱了还需要更多？"父亲生气地问孩子。

"因为我以前不够，但我现在足够了。"小孩回答。

"爸爸，我现在有10美金了，我可以向你买一个小时的时间吗？明天请早一点儿回家，我想和你一起吃晚餐。"

金钱是人人都喜爱的，可是金钱并不是世间最宝贵的财富。这个故事告诉我们：不要以为能给亲人更多的钱就给了他一切，真正的情感是无法用金钱来衡量的。无论你怎样忙，切莫忘记给家庭生活留出时间。

漫漫人生路上，当我们在外面疲惫不堪时，亲人是最值得我们信赖的避风港。即使在人生最黑暗的日子里，亲情也能给我们带来一丝安慰。

美国电影《因父之名》给我们讲述了一个真实的故事：20世纪70年代，北爱尔兰正处在英军和北爱尔兰共和军的冲突中心，当地一名不

第十章 享受生活,为人生找个快乐的活法

知天高地厚的落拓青年——盖瑞、康伦,整日只知狂欢狂醉,还四处偷窃,招惹是非。他的父母亲失望万分。当盖瑞触怒北爱尔兰共和军时,他的父亲忙将他送往英国,但是阴差阳错,他却被英国警察诬陷为恐怖分子,逼他承认是爆炸案的共犯,为此被判无期徒刑。盖瑞以为人生从此完蛋了。不想他的父亲为救儿子,也被关进牢里。父亲为了把堕落的儿子引上正路,主动和儿子住在一起。在父亲的影响下,盖瑞抵制了嬉皮士和恐怖分子的诱惑,下定决心用正当手段洗刷冤屈。在和言词犀利的女律师合作下,盖瑞不仅证明了他的清白,也为病死狱中的父亲洗刷了污名。

盖瑞是幸运的,他虽然被诬陷坐牢,可是他有一个好父亲,即使在监牢中,亲情的温暖也在感召着他。入狱时,盖瑞是一个不务正业、思想混乱的年轻人,出狱时,他已经成了一个意志坚定、思想成熟的人。

亲情是无可取代的,即使你富甲天下、权势煊赫,没有亲人的关爱,没有亲情的温暖,你的人生也是悲惨的。

唐太宗李世民弑兄逼父登上皇位,开创了贞观之治的局面,可是他晚年的心境并不好过:太子李承乾嫉恨弟弟魏王李泰得宠,害怕自己失去皇位继承权,因此和手下定计,要杀死弟弟和父亲,自己登上皇位。李泰也怀有野心,想把哥哥废掉,自己继承皇位。这件事后来被唐太宗知道,他不得已废了太子,又不敢立魏王,怕以后儿子们都会用诡计中伤皇储谋取皇位。唐太宗极其愁苦,一次对大臣谈起,甚至痛苦流涕,抽刀想自杀。唐太宗虽然贵为皇帝,他的快乐却比一个家庭和睦的平民还少。

现代社会,人们常常在金钱物欲中迷失自我,忘记了亲情的宝贵,甚至以为亲情是可以用金钱来代替的。亲情看起来总是平平淡淡、稀松平常,却是人间最大的幸福之一。漠视亲情的人是愚蠢的,也是不幸的。有亲情阳光的照耀,幸福的花朵才能绽放。关爱亲人,珍惜亲情,你才能真正感受到亲情的温暖,得到真正的幸福。

用忘记清理生活中的不快

　　一个盛满水的杯子，只有倒干净后才能装进清水；一辆满载的货车，只有清空后才能装上新货物。一个人，只有清空心灵，才能容纳快乐。生命中，并不是所有的东西都值得永远保留，有些东西，遗忘比怀念更好。人生是一个漫长的心灵旅途，其间也会有被消极填满的时候，只有学会遗忘，清空心灵，才能为快乐和动力腾出空间，才能轻装上阵，远涉千里。

　　人们常说："时间会抚平一切伤痕。"而遗忘，就是时间那双抚平伤痕的手。上天赐给我们很多宝贵的礼物，其中之一即是"遗忘"。只是我们过度强调"记忆"的好处，却反而忽略了"遗忘"的功能与必要性。生活中，许多事需要你记忆，同样也有许多事需要你遗忘。

　　比如，你失恋了，总不能一直溺陷在忧郁与消沉的情境里，必须尽快遗忘；股票失利，损失了不少金钱，心情苦闷提不起精神，你也只有尝试着遗忘；期待已久的职位升迁，人事令发布后竟然没有你，情绪之低可想而知。解决之道别无它法，只有勉强自己遗忘。只有遗忘了那些不快，才会更好地前进。

　　有这样一个故事：有一次，一位女士给了一个朋友3条缎带，希望他也能送给别人。这位朋友自己留了一条，送一条给他不苟言笑、事事挑剔的上司两条，因为他觉得由于上司的严厉使他多学到许多东西，同时他还希望他的上司能把缎带送给另外一个影响他生命的人。

　　他的上司非常惊讶，因为所有的员工一向对他都是敬而远之。他知道自己的人缘很差，没想到还有人会感念他严苛的态度，把它当作是正

第十章 享受生活,为人生找个快乐的活法

面的影响而向他致谢,这使他的心顿时柔软起来。

这个上司一个下午都若有所思地坐在办公室里,而后他提早下班回家,把那条缎带给了他正值青春期的儿子。他们父子关系一向不好,平时他忙公务,不太顾家,对儿子也只有责备,很少赞赏。那天他怀着一颗歉疚的心,把缎带给了儿子,同时为自己一向的态度道歉,他告诉儿子,其实他的存在带给他这个父亲无限的喜悦与骄傲,尽管他从未称赞他,也少有时间与他相处,但是他是十分爱他的,也以他为荣。

当他说完了这些话,儿子竟然号啕大哭。他对父亲说:他以为他父亲一点也不在乎他,他觉得人生一点价值都没有,他不喜欢自己,恨自己不能讨父亲的欢心,正准备以自杀来结束痛苦的一生,没想到他父亲的一番言语打开了他的心结,也救了他一条性命。这位父亲吓得出了一身冷汗,自己差点失去了独生的儿子而不自知。从此他改变了自己的态度,调整了生活的重心,也重建了亲子关系,加强了儿子对自己的信心。就这样,整个家庭因为一条小小的缎带而彻底改观。

送人以缎带,证明你已遗忘了相处中所受的那些委屈和责难,忆起别人给你的快乐和益处。而受你缎带者却更能被你感动,看到你的心灵之美,爱你、助你。学会遗忘,拾起那条缎带送给让你受伤的那个人,他将回报你一片灿烂的阳光。

然而,想要遗忘却不是想象中那么容易,伤痕依然隐隐作痛,心中的怨气还没有消散,遗忘是时间的手,它需要时间才能起作用。然而,如果你连"想要遗忘"的意愿都没有,执著于已经无法改变的事情,那么,时间也无能为力。

记住过往的不快,乃是人的一种本能,这种本能教给我们在哪一个地方会跌倒,但有时候我们有更好的老师——理智。本能只是无差别的让我们记住一切不如意,理智却知道有些回忆除了把痛苦回放,别无意义。对于记忆本能来说,往往很容易放过欢乐的时光,对于不快的经历

却常常记起。换言之，人们习惯于淡忘生命中美好的一切，但对于痛苦的记忆，却总是铭记在心。

的确，很多人待人或处世，很少检讨自己的缺点，总是记得"对方的不是"以及"自己的欲求"。其实到头来，还是很少如愿，因为，每个人的心态正彼此相克。

反之，如果这个社会中的每个人，都能够试图将对方的不是及自己的欲求尽量遗忘，多多检讨自己并改善自己，那么，彼此之间将会产生良性的互补作用，这也才是每个人想见到的。

分享是一种更大的幸福

有一句名言：孤独的人是可耻的。不会分享的人，注定是一个孤独者，而且会是一个人生的失败者。分享，其实很简单，就是一种舍弃贪欲的解脱。你用自己多余的东西换取别人的快乐和自己的轻松，这就是分享的真谛。分享不仅能让更多的人幸福，而且，它本身就是一件快乐的事。

有一位叫智德的禅师在院子里种了一株菊花。3年后的秋天，院子里开满了菊花，香味一直传到了山下的村子里。来禅院的信徒都不住地赞叹："好美的花儿啊！"

有一天，有人开口向智德禅师要几株菊花种在自己家的院子里，智德禅师答应了。他亲自动手挑了开得最艳、枝叶最粗的几株，挖出根须送到那人家里。消息传开后，前来要花的人接踵而来，络绎不绝，智德禅师满足了每个人的愿望。可是这样一来，没过几天，院里的菊花就都被送出去了。弟子看到满院的凄凉，忍不住说："太可惜了！这里本来

第十章 享受生活,为人生找个快乐的活法

应该是满院的香味啊。"智德禅师微笑地说:"这样不正好吗?因为3年以后就会是满村菊香了啊!"弟子听师傅这么一说,脸上的笑容立刻如菊花一样灿烂起来。智德禅师告诉弟子:"我们应该把美好的事物与别人分享,让每个人都感受到这种幸福,即使自己一无所有了,心里也是幸福的啊。"

这个故事揭示了一个道理,什么是真正的幸福?关心爱护周围的人,多为别人着想的人,心中的幸福感最多,因为看到别人幸福地微笑,我们心中自然也会感到幸福快乐。

独乐乐不如众乐乐,分享本身就是一种幸福,众人的快乐才能烘托个人的快乐。在生活中,我们只要与别人分享幸福、分享快乐、分享亲情、分享成功、分享信息、分享甘苦……就会在分享中获得人生的真谛。

《四十二章经》中说:睹人施道,助之欢喜,得福甚大。沙门问曰:此福尽乎?佛言:譬如一炬之火,数千百人各以炬来分取,熟食除冥,此炬如故。福亦如之。其实幸福是埋藏在每个人心中的感觉,只要你愿意去开启它,愿意相信自己,那幸福就会常在。

人类因分享而进步。记得有位作家曾说过:"倘若你有一个苹果,我也有一个苹果,而我们彼此交换苹果,那么,你和我仍然是各有一个苹果。但是,倘若你有一种思想,我也有一种思想,而我们彼此交换这些美好的思想,那么,我们每人将各有两种思想。"分享的秘诀正在于它可以使我们拥有更多的东西,而把自己的东西拿来与别人分享的那一刻,不但能体会到分享的乐趣,更能体验到一种满足感。因为分享幸福,你会得到双倍甚至更多的幸福,所以我们也在享受幸福。让我们静静坐下来,让幸福在我们身上停留。

与慷慨的分享相反,独占好处是一种狭隘的心态,它会扭曲你的心理,造成心理贫穷,并最终毁灭自己。因此我们应当学会分享。

一个农夫请禅师为他的亡妻诵经超度，佛事完毕之后，农夫问道："禅师！您认为我的亡妻能从这次佛事中得到多少利益呢？"

禅师照实说道："当然！佛法如慈航普度，如日光遍照，不只是你的亡妻可以得到利益，一切有情众生无不得益呀。"

农夫不满意地说："可是我的亡妻是非常娇弱的，其他众生也许会占她便宜，把她的功德夺去。能否请您只单单为她诵经超度，不要回向给其他的众生。"

禅师慨叹农夫的自私，但仍慈悲地开导他说："回转自己的功德以趋向他人，使每一众生均沾法益，是个很讨巧的修持法门。'回向'有回事向理、回因向果、回小向大的内容，就如一光不是照耀一人，一光可以照耀大众，就如天上太阳一个，万物皆蒙照耀；一粒种子可以生长万千果实，你应该用你发心点燃的这一支蜡烛，去引燃千万支蜡烛，不仅光亮增加百千万倍，本身的这支蜡烛，并不因此而减少亮光。如果人人都能抱有如此观念，则我们微小的自身，常会因千千万万人的回向而蒙受很多的功德，何乐而不为呢？故我们佛教徒应该平等看待一切众生！"

农夫仍然顽固地说："这个教义虽然很好，但还是要请禅师为我破个例吧。我有一位邻居叫张小眼，他经常欺负我、害我，我恨死他了。所以，如果禅师能把他从一切有情众生中除去，那该有多好呀！"

禅师以严厉的口吻说道："既曰一切，何有除外？"

听了禅师的话，农夫更觉茫然，若有所失。

自私、狭隘的心理，在这个农夫身上表露无遗。每个人都希望自己好，但如果你容不得别人好或别人比你好，那就是自私加狭隘。自私、狭隘会毁了自己的生活，我们必须努力使自己学会与人分享。

幸福是人人可以达到的，无论年龄、性别、职位；幸福是心灵内在的感触；幸福的人生是人与环境的和谐；幸福是人文与物质的平衡；能与人分享幸福是双倍的幸福；幸福感不仅来自获得，更来自于给予；有爱的人生才是幸福的人生；执著、勇敢、热忱、信念是通向幸福彼岸的诺亚方舟；幸福来自于对愿景的追求。

凡事多从好处想

生活中，我们总能见到两种人：一种人总从坏的一面看问题，总是怀着悲观心态；另一种人相反，他们总能发现事情积极的一面，怀着乐观进取的心态在活着。悲观是一种心灵恶疾，它会抑制你的快乐，让你被忧虑侵蚀，因此我们一定要战胜这种不良心态，做个积极快乐的人。

有这样一则民间故事：有位秀才第二次进京赶考，住在一个以前住过的店里。考试前一天他接连做了两个梦：第一个梦是梦到自己在墙上种高粱；第二个梦是下雨天，他戴了斗笠还打伞。这两个梦似乎有些深意，秀才第二天就赶紧去找算命的解梦。算命的一听，连拍大腿说："你还是回家吧，你想想，高墙上种高粱不是白费劲吗？戴斗笠还打雨伞不是多此一举吗？"

秀才一听，心灰意冷，回店收拾包袱准备回家。店老板非常奇怪，问："不是明天才考试吗，你怎么今天就回乡了？"秀才如此这般解说了一番，店老板乐了："咳，我也会解梦的。我倒觉得，你这次一定要留下来。你想想，墙上种高粱不是高种（中）吗？戴斗笠打伞不是说明你这次是有备无患吗？"秀才一听，觉得店老板的话比算命的更有道理，于是精神振奋地参加考试，居然中了个榜眼。

一场大水冲垮了一个女人家的泥屋，家具和衣物也都被卷走了。洪水退去后，她坐在一堆木料上哭起来：为什么我这么不幸？以后该住在哪儿呢？镇里的表姐带了东西来看她，她又忍不住跟表姐哭诉了一番，没想到表姐非但没有安慰她，还斥责起她来："有什么好伤心的？泥房子本来就不结实，你先租个房子住段时间，再盖砖瓦的不就好了！"

故事中的女人就是生活中的悲观者的代表，他们遇事总是拼命往坏的一面想，自找烦恼，死钻牛角尖，不问自己得到了什么，只看自己失去了多少，结果情况越来越糟糕，心情越来越低落。其实，任何事情都有坏的一面和好的一面，如果能从积极的方面看问题，那么就会有一个截然不同的结果，做起事来也就会更加得心应手。

角度不同，对问题的看法各有所异，有人积极，有人消极。消极思维者只看坏的一面，对事物总能找到消极的解释，最终他们也将得到消极的结果。而积极思维者却更愿意从好的方面考虑问题，并通过自己的努力，得到一个积极的结果。所有这一切正如叔本华所言："事物的本身并不影响人，人们是受到对事物看法的影响！"

佛教讲"无常"，凡事可以变好，凡事也可以变坏。悲观的人永远都是想到自己只剩下百万元而担忧，乐观的人却永远为自己还剩下1万元而庆幸。面对金黄的晚霞映红半边天的情景，有人叹息："夕阳无限好，只是近黄昏。"但有人想到的却是："莫道桑榆晚，晚霞尚满天。"面对半杯饮料，有人遗憾地说："可惜只有半杯了。"有人庆幸地说："尚好，还有半杯可饮。"不同的人对同一件事有不同的心情，不同的心情必然导致不同的结果。

我们每个人都有自己的生活，都有选择精彩人生的机会，关键在于你的态度。态度决定人生，这是一件真正属于你的权利，没有人能够控制或夺去的东西就是你的态度。如果你能时时注意这个事实，你生命中的其他事情都会变得容易许多。

神宗时，苏东坡受人诬陷，被贬谪到海南岛。当时海南还很贫穷落后，而且中原人不能适应热带气候，病死的非常多。岛上的恶劣环境与

第十章　享受生活，为人生找个快乐的活法

当年汴京的繁华对比，简直是两个世界。但苏东坡却认为，宇宙之间，在孤岛上生活的，也不只是他一人，大地也是海洋中的孤岛！就像一盆水中的小蚂蚁，当它爬上一片树叶，这也是它的孤岛。所以，苏东坡觉得，只要能随遇而安就会快乐。他在岛上，每吃到当地的海产，看着岛上秀丽的风光，他就庆幸自己能到海南岛。他甚至想，如果朝中有大臣早他而来，他怎么能独自享受如此的美食呢？

那些贬谪苏东坡的人，原以为这下他可完蛋了，没想到不久，就有一首诗从海南流传到内地：

稍喜海南州，自古无战场。
奇峰望黎母，何异嵩与邙。
飞泉泻万仞，舞鹤双低昂。
分流未入海，膏泽弥此方。
芋魁偏可饱，无肉亦奚伤。

所以，凡事往好处想，就会觉得人生快乐无比。人生没有绝对的苦乐，只要凡事肯向好处想，自然能够转苦为乐、转难为易、转危为安。海伦·凯勒说："面对阳光，你就会看不到阴影。"积极的人生观，就是心里的阳光！

消极的人多抱怨，积极的人多希望。消极的人等待着生活的安排，积极的人主动安排、改变生活。而积极的心态是快乐的起点，它能激发你的潜能，愉快地接受意想不到的任务，悦纳意想不到的变化，宽容意想不到的冒犯，做好想做又不敢做的事，获得他人所企望的发展机遇，你自然也就会超越他人。而如果让消极的思想压着你，你就会像一个要长途跋涉的人背着沉重而无用的大包袱一样，使你看不到希望，也失掉许多唾手可得的机遇。

向别人借一份快乐

　　阻挠一个人成功的心理障碍，包括责难、沮丧、焦虑、漠不关心、骤下评论、犹豫不决、推托、过分追求完美、怨怒之心、困惑及罪恶感，这些心态都是负面情绪的表现。具有这些心态的人不一定是坏人，但是为了获取正面能量，要尽量与快乐的人在一起，他们会把快乐传染给你，让你忘记烦恼和忧愁。

　　在一次南部非洲首脑会议上，曼德拉出席并领取了"卡马勋章"。

　　在接受勋章的时候，曼德拉发表了精彩的演讲。在开场白中，他幽默地说："这个讲台是为总统们设立的，我这位退休老人今天上台讲话，抢了总统的镜头，我们的总统姆贝基一定不高兴。"话音刚落，笑声四起。

　　在笑声过后，曼德拉开始正式发言。讲到一半，他把讲稿的页次弄乱了，不得不翻过来看。

　　这本来是一件有些尴尬的事情，但他却不以为然，一边翻一边脱口而出："我把讲稿的页次弄乱了，你们要原谅一个老人。不过，我知道在座的一位总统，在一次发言中也把讲稿的页次弄乱了，而他却不知道，照样往下念。"这时，整个会场哄堂大笑。

　　结束讲话前，他又说："感谢你们把用一位博茨瓦纳老人的名字（指博茨瓦纳开国总统卡马）命名的勋章授予我，我现在退休在家，如果哪一天没有钱花了，我就把这个勋章拿到大街上去卖。我肯定在座的一个人会出高价收购的，他就是我们的总统姆贝基。"

　　这时，姆贝基情不自禁地笑出声来，连连拍手鼓掌。会场里掌声

第十章　享受生活，为人生找个快乐的活法

一片。

曼德拉的幽默让台下的人如沐春风，神清气爽。

把一个快乐告诉别人，那么快乐就变成了两个人的；把一个烦恼对别人倾诉，多半会变成两个人的烦恼——一个人为事情而烦恼，另一个为老听到这些消极的内容而烦恼。

你是否也曾有过这样的经历：在一个地方，或是和一些人相处，你会感到焦虑不安、脖子酸痛、疲惫不堪。你不知道到底是哪根筋不对，但就是觉得不舒服。然而和另一些人相处时，你就会觉得精神百倍，身体上的不适感也慢慢消失。在这些人的陪伴下，你觉得事事如意。这些人所散发的正面能量，让你感到更快乐、更安详、更有信心。

这些现象不是偶然的，而是情感交流的结果。人类从本质上讲，是一种社会动物，我们的感情，无时无刻不处在周围环境的影响之下。尽管本人可能并没有意识到，实际上，身边人的一举一动，都在显示他的精神状态，而这些情绪又会不自觉地感染我们。所以，在气氛热烈的酒宴上，我们的情绪也会不自觉地高涨起来；当身边人都处在悲痛之中时，我们也不禁情绪低沉。和积极的人相处，我们就能吸收到积极的影响，变得更加坚定有力；相反，和消极的人相处久了，干劲和快乐就会不知不觉地减少。就像一个热量低的物体如果和一个热量高的物体在一起，前者会变热，后者则会损失一些能量。把积极的情绪看成一种精神能量，这种能量通常会在两人之间流动，直到获得平衡为止。

请你想象甲乙两个玻璃瓶，两者底部有管子相连，管内有个活塞可以控制两个玻璃瓶的液体流量。请你先把活塞关上，将甲瓶装满蓝色液体，乙瓶则什么也不装。当你把活塞打开时，这两个玻璃瓶会产生什么样的变化呢？它们都会盛装等量的蓝色液体。

同样的道理，如果你心中充满正面能量，当你碰到一个能量低的人时，能量就会从你身上流向他。不过，这个例子描述的是"量"的流

向,而非"质"的交流。为了充分了解"质",请再回到玻璃瓶的例子。

先关上活塞把甲瓶装满凉的蓝色液体,然后把乙瓶装满热的红色液体,当打开活塞时,这两个瓶子会产生怎样的变化呢?首先,冷热液体相互交流,温度达到平衡。其次,两个瓶内的液体都会变成紫罗兰色。

如果快乐的你碰到一个不快乐的人,过不了多久,那个人的心情会好转,你的心情则会变糟,你或许不会马上受到影响,但是几小时或是几天之后,你的心情就会逐渐变糟。所以,要想让自己摆脱消极情绪,请接受这个建议:不要让不快乐的人感染你快乐的心情。

用宽恕消除怨恨的阴影

人与人之间的怨恨就像足球,在两人之间相互传递着伤害。你越是想让别人痛苦,越是用力踢打它,它的反弹就越激烈。到最后,怨恨不只会伤害你恨的人,更会伤害你自己。怀有怨恨的人是不会真正快乐的,因为他们感受不到爱的温暖,看不到大自然的美丽。他们只能感到恨的驱动。只有学会宽恕,超越曾经的恩怨,才能从仇恨的掌控下解脱,化解这盘死局。

也许昨天,也许很久以前,有人伤害了你,你不能忘记。你本不应受到这种伤害,于是你把它深深地埋在心里等待报复。不过现在你应该明白,这样做是毫无益处的,不肯放过别人就是不宽恕自己。

在这个世界里,一个人即使是出于好意也会伤害他人。朋友背叛你、父母责骂你、爱人离开你……总之,每个人都会受到伤害。

人一旦受到伤害的时候,最容易产生两种不同的反应:一种是怨

第十章　享受生活，为人生找个快乐的活法

恨，一种是宽恕。怨恨是你对受到深深的、无辜伤害的自然反应，这种情绪来得很快。女人希望她的前夫与他的新妻子倒霉；男人希望背叛了他的朋友被解雇。无论是被动的还是主动的，怨恨都是一种郁积着的邪恶，它窒息着快乐，危害着健康，它对怨恨者的伤害比被怨恨者更大。

消除怨恨最直接有效的方法就是宽恕。宽恕必须承受被伤害的事实，要经过从"怨恨对方"到"我认了"的情绪转折，最后认识到不宽恕的坏处，从而积极地去思考如何原谅对方。

宽恕是一种能力，一种停止伤害继续扩大的能力。

宽恕不只是慈悲，也是修养。

生活中，宽恕可以产生奇迹，宽恕可以挽回感情上的损失，宽恕犹如一个火把，能照亮由焦躁、怨恨和复仇心理铺就的黑暗道路。

曾任纽约州长的威廉·盖诺被一份内幕小报攻击得体无完肤之后，又被一个疯子打了一枪几乎送命。他躺在医院为他的生命挣扎的时候，他说："每天晚上我都原谅所有的事情和每一个人。"这样做是不是太理想了呢？是不是太轻松、太好了呢？如果是的话，就让我们来看看那位伟大的德国哲学家，也就是"悲观论"的作者叔本华的理论。他认为生气就是一种毫无价值而又痛苦的冒险，当他走过的时候好像全身都散发着痛苦，可是在他绝望的深处，叔本华叫道："如果可能的话，不应该对任何人有怨恨的心理。"

当耶稣说"爱你的仇人"的时候，他也是在告诉你：怎么样改进你的外表。你一定见过这样的女人，她们的脸因为怨恨而有皱纹，因为悔恨而变了形，表情僵硬。不管怎样美容，对她们容貌的改进，也及不上让她心里充满了宽容、温柔和爱所能改进的一半。

怨恨的心理，甚至会毁了你对食物的享受。圣人说："怀着爱心吃菜，也会比怀着怨恨吃牛肉好得多。"

要是你的仇人知道你对他的怨恨使你筋疲力竭，使你疲倦而紧张不

· 223 ·

安，使你的外表受到伤害，使你得心脏病，甚至可能使你短命的时候，他们不是会拍手称快吗？

即使你不能爱你的仇人，至少也要爱你自己。要使仇人不能控制你的快乐、你的健康和你的外表。就如莎士比亚所说的："不要因为你的敌人而燃起一把怒火，热得烧伤你自己。"

你也许不能像圣人般去爱你的仇人，可是为了你自己的健康和快乐，你至少要忘记他们，这样做实在是很聪明的事。艾森豪威尔将军的儿子约翰说："我父亲不会一直怀恨别人。"他还说："我爸爸从来不浪费1分钟，去想那些不喜欢的人。"

在加拿大杰斯帕国家公园里，有一座可算是西方最美丽的山，这座山以伊笛丝·卡薇尔的名字为名，纪念那个在1915年10月12日像军人一样慷慨赴死，被德军行刑队枪毙的护士。她犯了什么罪呢？因为她在比利时的家里收容和看护了很多受伤的法国、英国士兵，还协助他们逃到荷兰。在10月的那天早晨，一位英国教士走进军人监狱——她的牢房里，为她做临终祈祷的时候，伊笛丝·卡薇尔说了两句将刻在纪念碑上不朽的话语："我知道光是爱国还不够，我一定不能对任何人有敌意和恨。"4年之后，她的遗体转移到英国，在西敏寺大教堂举行安葬大典。人们常常到国立肖像画廊对面去看伊笛丝·卡薇尔的那座雕像，同时朗读她这两句不朽的名言。

托尔斯泰曾经讲过这样一个故事：有位国王想励精图治，如果有三件事可以解决，则国家立刻可以富强。第一，如何预知最重要的时间。第二，如何确知最重要的人物。第三，如何辨明最紧要的任务。于是群臣献计献策，却始终不能让国王满意。

国王只好去问一位极为高明的隐士，隐士正在垦地，国王问这三个问题，恳求隐士给予指点。但隐士并没有回答他。隐士挖土挖累了，国王就帮他继续干。天快黑时，远处忽然跑来一个受伤的人。于是国王与

第十章 享受生活，为人生找个快乐的活法

隐士把这个受伤的人先救下来，裹好了伤口，抬到隐士家里。翌日醒来，这位伤者看了看国王说："我是你的敌人，昨天知道你来访问隐士，我准备在你回程时截击你，可是被你的卫士发现了，他们追捕我，我受了伤逃过来，却正遇到你。感谢你的救助，也感谢你让我知道了这个世界上最宝贵的东西，我不想做你的敌人了，我要做你的朋友，不知你愿不愿意？"国王听了微笑着说："我当然愿意。"

国王再去见隐士，还是恳求他解答那三个问题。隐士说："我已经回答你了。"国王说："你回答了我什么？"隐士说："你如不怜悯我的劳累，因帮我挖地而耽搁了时间，你昨天回程时，就被他杀死了。你如不怜恤他的创伤并且为他包扎，他不会这样容易地臣服你。所以你所问的最重要的时间是'现在'，只有现在才可以把握。你所说的最重要的人物是你'左右的人'，因为你立刻可以影响他。而世界上最重要的是'爱'，没有爱，活着还有什么意思？"

学着宽恕吧！遇事记恨别人的人，往往不能从被伤害的阴影中平安归来，痛苦总是如影随形，受伤害的反而是自己。因此，你一定要尽己所能地宽恕别人，这样做也正是在宽恕自己。

糊涂也是一种学问

糊涂也是人生的一种智慧，郑板桥说："难得糊涂。"糊涂不是脑子不好使，而是一种处世之道。《庄子》上说："视而不见，听而不闻。"就是对这种状态很好的解释。有些事情，含含糊糊，朦朦胧胧，才是正确的处理方法。如果你偏要较真，只能是聪明过头了。

法国有位聪明而又热心的农学家，偶尔有一次在德国吃了一回土豆，就很想在自己的国家里推广种植这种作物。

但他越是热心地宣传，却越得不到回应，没人相信他的话。医生甚至认为土豆有害于人的健康，有的农学家断言种植土豆会使土地变得贫瘠，宗教界称土豆为"鬼苹果"。

聪明的人是不会轻易放弃的，这位一心推广土豆种植的农学家，终于想出一个新点子。在国王的许可下，他在一块出了名的低产田里栽培了土豆，由一支身穿仪仗队服装的国王卫兵看守，并声称不允许任何人接近它、挖掘它。但这些士兵只在白天看守，晚上全部撤走。人们受到禁果的引诱，晚上都来挖土豆，并把它栽到自己的菜园里。

这样，没过多久土豆便在法国推广开了。

这个推广方法的成功，就得益于智慧和心理的巧妙结合。如果直接向人们推广说土豆好，人们是不会接受的；如果由国王种植，又有卫兵看守，暗示的情境意义即：这是贵重物品。由此诱发了人们占有的欲望，再加上栽种后亲自品尝与体验，确信有益无害，就会完全接受了这种作物。这里实际情境的魅力，就在于利用了人们的好奇心理，睁一只眼，闭一只眼，创造了一个让人们接触土豆的契机，所以产生了可喜的效应。

生活中也处处充满了这样的学问。我们每个人都有自己不为人知的毛病，平时尽量隐藏。但是在人与人的交往中，如果我们抱着窥视别人的目的，睁大眼睛，两个眼球就像是显微镜似地观察、计较别人的缺点和不足，那么，我们永远都不会对对方满意。再比如，对于上司的某些行径，你比谁都清楚，但你就是装作不知道、不在意，故意让自己蒙在鼓里。倘若你说自己知道了，那你就是聪明过头了。

甚至你可能发现，这个世界上没有一个人能令你满意。因为我们会嫌弃、厌恶别人，所以也就处理不好与同学、同事、朋友、亲人、爱人的关系了。心态不正确，我们就会失去朋友，甚至失去亲人和爱人。如

第十章 享受生活,为人生找个快乐的活法

果我们闭上一只眼睛,以一份宽容的心看待别人的缺点和不足,给别人一份宽容,给别人一点理解,给自己一份轻松,生活也就会因此而变得可爱多了。

小人物未必不快乐

事实证明,世界上只有2%的人能够得到了不起的成功,而98%的人只能是平平常常的普通人。有些聪明能干、有远大抱负的年轻人总是瞧不起那些平凡过日子的人。他们认为这些人"没出息"、"微不足道"、"活得没意思"。当他们发现自己奋斗失败,要面对和常人一样平淡无奇的生活时,就觉得生活无聊透了,生出了无尽的烦恼。

其实,做一个平凡的小人物也并没有什么不光彩的。生活中我们常常忽略了小人物,可小人物并非是愚人蛮者,恰恰相反,多是能工巧匠。人人都有自己的生活方式,小人物没有大人物的辉煌,但却有自己平实的欢乐,我国著名物理学家钱学森是这样用先人的哲理启发他的学生认识这个问题的。

当时,有个别学生因专业不对口而思想波动,认为从事火箭导弹事业是大改行,所学非所用,搞不出什么名堂来,白白贻误了青春。他们当"大科学家"、"大人物"的梦想破灭了,因而,不安心做"专业不对口"的"小人物"。

钱学森了解到这个情况之后,讲了一番富有哲理、幽默风趣的话,产生了很好的效果。他说:"我想,当人类还生活在伊甸园的时候,是分不出什么大人物和小人物的。只是人类自然渐渐地感到大家都是一般高低的生活太乏味了,于是,才有人站在了高处,成了大人物。人群里便有了大人物与小人物。"

"其实，少数大人物的存在，首先是因为有千万名不显眼的小人物的衬托而存在的。时常是小人物成就着那些大人物。小人物就像池塘里的水，大人物就像浮出水面香气袭人、亭亭玉立的荷花。试想，没有水，荷花何以生存？"

"人们往往只看到少数大人物的作用。实际上，在日常生活和平凡的事业中，小人物比大人物更不可少。虽说不想当元帅的士兵不是好士兵，但是，如果每一个士兵都想当元帅的话，那支军队肯定是无法打仗的。拿破仑再厉害，真正动刀枪的还是成千上万的士兵。"

正如钱学森所说，有了小人物的安分，才成就了大人物的辉煌。大人物蓝图一描，众多勤恳的小人物努力为之工作，成绩便被一点一滴地造就出来。成绩辉煌之后，大人物更有了资本，于是靠着一丝思想的灵感，继续推动着世界前进的脚步。

从前有一位老人，无论走到什么地方，身边总带着一小罐油。如果他走过一扇门，门上发出辗轧的响声，他就倒一些油在铰链上。如果他遇到一扇难开的门，他就涂一些油在门键上。他一生就是这样做扣油的工作，使他以后的人得着便利。

人们都称他为怪人，但这位老人依旧做他的润滑工作，罐子里的油用完了再装，装满了再用。

有许多人，他们每天的生活很不和谐，发出粗糙的辗轧声，他们需要喜乐、温柔和关节的润滑油。你身上有没有带着"油"呢？你应当随时带着你帮助的"油"，从早到晚去分给别人，从你最近的人分起。也许你早晨分给他的油，可以够他一日的润滑之用。把喜乐的油分给沮丧的人，对绝望者说一句鼓励的话，这是何等有意义的事。

人的另一种不快乐的根源是老盯着自己的缺点，总喜欢用自己的缺点和别人的优点相比较。这是一种不明智的做法。每个人都有优点，也

第十章 享受生活，为人生找个快乐的活法

有缺点。如果用你自己的缺点和别人的优点相比，你当然找不到自信，也难以快乐。所以，正确地认识自己，做一个快乐的自己才是最重要的。

不必总是欣赏别人，也欣赏一下自己吧，你会发现，天空一样高远，大地一样广大，自己有比别人更美好的地方。

我们的快乐必须靠自己去寻找，而一切快乐的基础就是对自己的满意度，一个对自己都不满意的人，快乐怎么愿意靠近他？生命需要充实，更需要欣赏。平日里，在尘世上的奔波，让我们忘记了一个真实的、有着缺憾更有着美丽的自己。我们对世界的要求太高，对自己的要求太高。风尘仆仆的追逐中，留意着路边的风景，却忘记了一个比风景更美的自己。

尽管你想成为太阳，可你却只是一颗星辰；尽管你想成为大树，可你却只是一株小草；尽管你想成为大河，可你却只是一泓山溪……但不要做那种欣赏别人的时候一切都好、审视自己的时候却总是觉得很糟的人。和别人一样，你也是一道风景，也有阳光，也有空气，也有寒来暑往，甚至有别人未曾见过的一株春草，甚至有别人未曾听过的一阵虫鸣……做不了太阳，就做星辰，让自己在夜空中静止地发光；做不了大树，就做小草，以自己的绿色装点春天；做不了伟人，就做实实在在的自己，平凡并不可卑，关键是必须扮演好自己的角色。

一个站在山顶上的人和一个站在山脚下的人，所处的地位虽然不同，但在两者眼中所看到的对方却是同样的大小。所以，如果你是一个平平常常的小人物，那就千万不要妄自菲薄，不要自寻烦恼，不要因为仰慕大人物头上的光环而忽略了自己的生活。